不再被上司"虐成狗，哭晕在厕所"，
活学活用彻底解决"软柿子"的问题

不会管理上司，你还怎么拼职场

李宗厚◎著

江苏人民出版社

图书在版编目（CIP）数据

不会管理上司，你还怎么拼职场 / 李宗厚著. --南京：江苏人民出版社，2015.5
ISBN 978-7-214-15639-6

Ⅰ. ①不… Ⅱ. ①李… Ⅲ. ①成功心理－通俗读物 Ⅳ. ①B848.4-49

中国版本图书馆CIP数据核字（2015）第090041号

书　　　名	不会管理上司，你还怎么拼职场
著　　　者	李宗厚
责 任 编 辑	朱　超
装 帧 设 计	昇　一
版 式 设 计	张文艺
出 版 发 行	凤凰出版传媒股份有限公司
	江苏人民出版社
出版社地址	南京市湖南路1号A楼，邮编：210009
出版社网址	http://www.book-wind.com
	http://jsrmcbs.tmall.com
经　　　销	凤凰出版传媒股份有限公司
印　　　刷	北京中印联印务有限公司
开　　　本	718毫米×1000毫米 1/16
印　　　张	14
字　　　数	194千字
版　　　次	2015年9月 第1版　2015年9月 第1次印刷
标 准 书 号	ISBN 978-7-214-15639-6
定　　　价	35.00元

上司都很"奇葩"，
你需要好好管理他

同学聚会，朋友扎堆，除了饮食男女，吐槽上司恐怕是第二重要的话题。

没有人对自己的工作满意，没有人乐意上班，上司和下属，打工族和职场，永远是对立的两级！所以，吐槽上司，说上司坏话，是人间永恒的话题，你和上司的关系永远逃不出杨白劳和黄世仁之间的连理。

我问过很多的上班族，他们上班的心情之所以比上坟还沉重，一不是因为工作内容难办，二不是大老板难对付，最最主要的原因是直接上司难缠！这不难理解，不是有句老话嘛，叫"阎王好见，小鬼难缠"，是的，在职场上，越是真正的大咖，越没有大架子，你的上司，你们部门的主管，就是那个难缠的小鬼。你平庸了他嫌你怂，你能耐了他怕你出风头，你不咸不淡他又嫌你不给他抓面儿。这样的"奇葩"确实让人伤脑筋，他吞噬了我们80%以上的脑细胞。

如何从这种困局中解脱？怎么才能免受这种奇葩的伤害？我要告诉你的是，一不要抱怨，二不要总想着"另投明主"，因为根本就没有明主。要说这换工作换上司和换老公是一样一样滴，你觉得现在的老公不好，换一个，十有八九更不牢靠！矛盾不会比现在少，只会比现在多。

出路只有一条：学会向上管理！

为什么要管理上级呢？上级是人而不是神，总有自身的不足之处和性格弱点，其管理也就不可能完全科学、准确。最典型的一种情况，就是上级由于在"资源权、奖罚权、信息权、专业权、人格权"上的优越感，很容易意气用事、长官作风，假如你的上级是女性，那就更容易感情用事，情绪化，小鸡肚肠，这都是难以避免的。而且，越是在强势的上级面前，越需要"向上领导"的方法与权变手段。下面的案例可以说明之。

今年春天，A单位搞了一项大型的家庭幸福评选活动，为了下一届活动的招商宣传工作，活动结束后，领导安排单位合作的执行公司制作现场光盘，把确定光盘内容的事宜交给小王办理。

小王是个服从领导办事认真的好员工，脑子里从没有向上管理的这根弦儿。领导安排什么，她都严格执行，也正因为这，领导才把这项工作交给她负责。

小王把文字内容发给执行公司，执行公司做成音像资料传过来，小王忙不迭地拿给领导审阅，结果问题就出来了，每次领导看都有不同的意见，甚至是自相矛盾的意见，小王都要把这些意见反馈给执行公司。这样来回了十个回合，依然没有搞定，这时候已经一个多月过去了，大大影响了工作的进展。领导大发雷霆，把小王骂了个狗血喷头！

接下来，这个"烫手的山芋"就空降到小李头上。领导让小李停下手头的工作，一周内办妥这项工作。

当她分派给小李这项内容的时候，小李就做好了向上管理的准备，他深知，反向管理不好，自己就是下一个小王。

小李是这样的做的：

第一步，和这个情绪化的变色龙女上司好好沟通，摸清她到底想要活动得到什么样的呈现，知道她想要什么，才能避免方向性错误，不会错得一塌糊涂。

第二步，和执行公司道歉，以前总改来改去的，让人家白白辛苦。然后营造好气场，再把领导的旨意传达给他们。

第三步，内容改好后第一时间呈给领导看，领导看了一眼就提了两点意见，然后吩咐小李赶紧让执行公司去改。小李试探性地询问她：您要不要再仔细想想，还有哪里不妥的地方，一块儿指出来，我汇总您的意见让他们一次性纠正，这样是不是可以缩短流程？

领导同意了他的建议。

随后，小李很快汇总领导意见后反馈给对方，他们再一次修改。小李把修改后的光盘内容拿给领导，果然不出所料她依然不满意，又提了点意见，但小李制止了她！他说：其实这点瑕疵一点都不影响我们的工作，但假如改的话，修改的工期会很长，会耽误我们工作的进程，我们已经很滞后了。两相比较，领导您看怎么办好一些？

领导大手一挥，就这么定了！

小王用一个月没办好的事情小李一个星期就搞定了，因为他有效地反向管理了领导！

不瞒您说要是由着领导折腾，再一个月这活也完不成，其实这活早就可以完成，根本没有什么大的改动的必要。只是领导太吹毛求疵了，每次给她看，她总会提出意见。

所以，混职场，假如你心里没点花花肠子，嘴上没有两把油滑点的刷子，腰上没有几根软棒子，一味地被领导颐指气使，呼来喝去，你的结局不是累死就是气死，即便不死，也不会有好日子。

而且，越是在强势的上级面前，越需要你掌握"向上管理"的方法与权变手段。

如何做到向上管理？是不是硬碰硬，或者是软磨硬泡，甚至是坑蒙拐骗？

No，N0，No！要想做到向上管理，你只要顺应老板的习性、掌握老板的期待、交出他想要的成果，让他信得过你的人格，协助他升迁，你也就可以顺风顺水，顺利上移。

如果你不这样做，只是不停抱怨，期待完美领导的出现，稍有不合就愤而离职，大概就只能不断循环"面试老板、物色老板"的路子，在同样的位阶上，不断平行位移，永生不得翻身。

总之，学不会反向领导，你就是砧板上的肉，由着他折腾作弄。

学会反向领导，你就是垂帘后的主子，可以高枕无忧，让上司为你打工。

所以，建议上班族：停止抱怨，放下偏见，爱上你的上司，千方百计领导他、管理他、驾驭他。

哪怕你是第一次听说"向上管理"这个概念的菜鸟，只要顺从本书的指导，一样可以做得很好。因为这本书里有理念，有方法，有步骤，只需顺着我们的指引走，保证你能前程无忧。

目录
CONTENTS

第六章

大树底下好乘凉，如何"抱紧上司大腿"

第七章

如何与上司顺畅沟通

第八章

出来混职场不是做慈善，会干还要会表现

第一章

摸清上司的习性，
才有可能"向上管理"成功

"向上管理"是人人都需要掌握的职场生存技能。然而任何改变都需要从认知开始。人人都是顺毛驴，你的上司也不例外。要想成功管理上司，你必须知道他厌恶什么，喜好什么，不要戳他的痛点，不能越他的雷池，不触他的伤疤，顺着他的爱好和惯性行事，即使不能"俘虏"他，也不至于惹急他。

1. 要清楚大老板到底要什么

最近在一个朋友的微信中看到她的抱怨："要不是因为Mr.S，我早就被主管整走了。"这个Mr.S其实是她单位的大老板，不是直接管她的，她上面还有一个直接主管。这件事情可以看出矛盾的两面性，离开是因为和直接上司不睦，留下是因为有大领导罩着。

这并没什么可吃惊的，HR业内早就流传这样一句话："员工因企业而来，又因顶头上司而走。"又有人总结说："员工一周内离职是因为HR，三个月内离职是因为企业文化，一年内离职则是因为顶头上司。"由此可见，直接上司对员工的影响非常大，是他们职场中不得不面对、又爱又恨的人。当然，假如像这个朋友这样，你在职场上有个重量级的"大佬"罩着，是很有安全感的一件事情。假如你有重量级的大人物罩着，你就能战败上司，甚至取而代之。当然，"大佬"不是吃白饭的，做慈善的，你必须和大佬的价值观和步调保持高度一致，他才会赞你挺你护着你。

有这样一则有意思的案例：

杨先生是一位工程设计人员，来到新的公司时间还不是很长，老板居然让他暂时停下研发，先去车间做一线管理，这让杨先生很为难。来到车间工作的一段时间里，因为他带着不满情绪，员工们不服从他的管理，在工作中常常给他带来麻烦。前不久，业务部门下了一个单，可由于他与员工之间没有配合好而延误了出货时间，好在客户没有刁难，才将单子做成，但最后还是被老板狠狠批评。杨先生向他解释原因，老板却说我只要结果，车间没多少人，怎么就管理不来？你暂时做也得做，不做也得做，而且还要做好……杨先生的经理见状，想落井下石（平时他就看杨先生不顺眼）整走他，就趁火打劫给老板说了一堆杨先生的坏话。谁知道却因为嚼舌头被老板一通骂："要当面说人坏话，背后说人好话，我批评他是因为我认为他可以做得更好，而不是他现在不好。"见老板这么袒护自己的下属，经理只好闭嘴了。

这个案例很典型。无论直接上司说你如何不好，只要大老板认定你好，那就是好样的。只是要获得大老板的认可并不是一件易事，通常情况下，什么样的员工比较容易被大老板喜欢？有位曾任世界500强企业的猎头人资主管，告诉过我这其中的秘密，在老板眼中，具备"6R"素质的人才才是他们梦寐以求的人才，对老板有绝对吸引力，对主管上司有致命杀伤力。

第1个R是Reasoning skill，即分析能力。

老板最钟情有远见的职员，这些职员有前瞻的想法，必须具备清晰的头脑和分析到位的能力。

第2个R是Responsive，即因事制宜。

当我们朝着愿景前进时会遇到不同的困难，我们要像阿米巴虫一样的灵活，一样的有办法，同时也要善用资源。

阿米巴(Amoeba)原理是进入世界500强的企业KDDI的创办人，稻盛和夫的经营理念。阿米巴是一种变形虫，生存能力非常强，它能够在有水、有空气或者有土壤的环境存活，它可以跟其他的阿米巴结合，也能够分裂成两个阿米巴。在环境恶劣时，阿米巴会形成一个囊，囊外面包裹着一个保护层。当环境变好时，囊就会裂开，重新变成虫。阿米巴给稻盛和夫很大的启示：我们做人做事就是要灵活，要变通来适应环境。要懂得跟他人结合共事，或者成为单独的个体。

第3个R是Responsible，即负责任。

老板器重负责任的人，什么是负责任呢？那是有主人公心态，一丝不苟把工作做好，肯负责的员工。

第4个R是Relational，即良好的社交意识。

我们必须要有很好的情商(EQ)。一个好的员工，必须要懂得情绪管理。在执行任务的时候，好员工不会轻易言"不"，他必须要有坚韧的意志，而且还要懂得沟通到位。

第5个R是Revitalize，这是常被忽视的正能量R。

好员工必须有正能量，他们跌倒了可以自己站起来，他们懂得如何给自己打气。要做到这一点，除了要有积极的心态之外，更重要的是常常要提起正念，带着爱去做人做事。

第6个R是Rules，即我们的道德戒律，这是一切的根本。

一个没有诚信的人，一个不懂得谦卑、感恩和尊重的人是不值得信任的。他们在职场上可能得到短暂的成功，却很容易被大风吹得晕头转向，难以在职场上站稳脚步。

也许过去的许多年，为了提高自己的职场竞争力和吸引力，你一直孜孜以求于如何提高自己的业务能力来讨得上司喜欢，如何改变自己的性格来适应这个公司的企业文化，如何拉拢关系搞办公室政治……其实都不用，搞定有分量的大佬，一切皆可搞定。

如果这个定位大家达成一致，接下来该做什么就比较清楚了，就是要快速做到6R。

首先，你要学什么，就下定决心教别人你要学的，这样可以增强你对新事物的了解与记忆。

其次，要经常反省，要知道计划和失败都不是成功之母，只有反省才是成功之母。

2. 所有上司都畏惧局面失控的凌乱

在职场中，上司最讨厌的感觉就是下属不服从自己的命令，那时候，他们会感觉权力受到挑战，地位受到威胁，有种被蔑视的侮辱感。越是处于权力金字塔中间位置中不溜的上司，这种恐慌越严重，生怕一不小心就被手下人篡权谋位，所以他们的控制欲更强一些，一旦你让上司产生了权力被挑战的意念，那么你的好日子也快过到头了。可以毫不夸张地说，没有服从理念、挑战上司权威的下属不会有好的前途。

在几年前热播的电视剧《杜拉拉升职记》中，DB中国销售部A部当时的销售总监彼得章就是这方面最典型的代表人物。

何好德（彼得章的上司）做生意的观点与彼得章有很大不同，同时彼得章还嫌何好德管得太细，另外还认为他并不了解中国市场，因此明里暗里和他对着干。彼得章为何如此嚣张，敢和上司叫板？这其中的原因有很多。其一，是因为彼得章仗着自己在DB服务了近10年，手上又抓着不小的业务额；其二，是因为彼得章以往有过把总裁逼走的成功经验；其三，是因为彼得章知道上司要是业绩不好也得滚蛋，所以对于他这样达成关键业绩的下属，必定要掂量着办，不敢轻举妄动。深谙这些门道的彼得章于是便打定主意要挑战何好德的妥协能力，以达到以后按照自己想法做生意的目的。

在和彼得章的"较量"中，何好德一直很低调，一直在隐忍，就当大家都以为他即将败给彼得章的时候，谁知他不声不响，找个机会突然就把彼得章给炒了。不过，在对员工和外部进行公布时却是这样说的：彼得章有更好的个人发展，因此离开DB，感谢他对DB的长期贡献，we wish him a bright future（愿他有一个光明的前景）。

　　何好德知道，领导做得越大，有一项能力的要求就越高，这项能力就是妥协的能力——做领导的，得在不同的利益中权衡利害，知道在什么地方做出妥协。这也是他刚开始时一直隐忍彼得章的重要原因。但是，凡事都有一个底线，这个底线一旦被触动，必然会产生一系列的"反应"。彼得章错就错在了没把握好挑战的尺度，他越界了，所以，他败下阵来是在所难免的。

　　在战场上，服从命令是军人的天职；对于职场中的人来说，服从上司的命令也可以算作是一种职场中的"天职"，同时也是一种美德，因为服从代表着尊重和拥戴。对上司的服从是上司开展工作、保持正常工作的首要条件，也是上司和你融洽相处的一种默契，更是上司观察和评价你的重要标准之一。因此，作为下属的你一定要谨记这个规则：必须服从上司的安排，而且要如同军人服从上级的指挥一样。

　　所以，身为下属，你的第一要义就是要服从上司的命令，但在具体的服从过程中还要在以下几个方面多做努力：

　　（1）敢于和上司一同承担责任

　　上司也有上司的难处，他们也会碰到很多麻烦事，如果在关键时刻，你能够主动站出来，服从上司的安排，为上司解燃眉之急，无疑会给上司留下非常深刻的印象。这样的机会如果把握得好，对你来说是十分有利的。

　　（2）配合有明显缺陷的上司

　　很多上司由于客观原因，管理基础往往并不是很好，专业知识也不是很精通。当他们遇到比自己学历和能力都高一些的下属时，便会或多或少产生一些自卑心理，面对下属对自己的态度和评价也会变得很敏感。在给下属下达命令的时候，他们表现得非常谨慎。

　　这时候下属需要用智慧和才干来弥补上司在专业知识上的不足，在服从他们命令的同时，主动给上司献计献策。这样做的好处是，既可积极配合上司的工作，表现出对上司的尊重与支持，又能施展了自己的才华，成为上司的左膀右臂。这样，上司不但会记住你，而且会感激你。

（3）在服从中显示才智

很多才华出众、精通专业技巧的"专家型"下属经常受到上司特殊的礼遇。如果你是一位有才华的人，并想在工作中发挥自己的聪明才智，应该学会认真执行上司交待的每个任务，不管这个任务是多么简单和微小，都要服从并认真去完成，这样，才干加上巧干，很快会使你成为上司倚重的对象。

（4）服从不等于盲从

有些人问，上司的决策有错误下属也要执行吗？答案是肯定的，作为下属，你既不能事先加以指责，也不能在事后对上司加以抱怨或轻视他的决定。

但是，同时你也要记住，服从不等于盲从。在发现上司的决策出现偏差的时候，你可以积极地把你的想法和建议告诉你的上司，让他明白，作为下属的你不是在刻板执行他的命令，而是一直都在斟酌考虑，考虑怎样做才能更好地维护公司的利益和他的利益。当上司知道这一点之后，一定会对你刮目相看。

（5）永远记住一点：上司才是决策者

在执行上司的命令时，你始终都要记住这样一点，那就是你是来协助上司完成经营决策的，而不是来制定决策的。所以，上司的决定，哪怕不尽如你意，甚至与你的意见完全相反，当你的建议无效时，你就应该完全放弃自己的意见，全心全力去执行上司的决定；在你执行任务时，如果发现这项决议的确是错误的，尽可能地让这项错误造成的损失降到最低限度，这才是你应有的态度。

总之，在职场中，上司永远是决策者和命令的下达者，作为下属，你不能不服从命令，更不能越俎代庖。否则，上司心理上对你的排斥感和厌恶感，以及对于你不懂规矩的气恼，足以毁掉你平时凭借积极努力所换来的上司对你的认同。所谓"一着不慎，满盘皆输"，正是如此。

3. 所有上司都讨厌存在感被践踏

某应用软件开发公司最近正在紧锣密鼓地研究一个新课题，员工小崔被任命为课题组组长。由于时间紧、任务重，小崔通过考查调研，认定若是能从本公司信息服务部借调小王和小李到课题组工作的话，刚好可赶在下个月底把新课题新成果推介上市。

刚好在吃饭的时候，小崔恰好碰到了公司高董事长，本着按时完成课题的初衷，小崔请示了高董事长，理所当然地得到了同意答复。然而正欲实施时，却遭到了信息服务部主管魏经理的坚决反对，他说了一大堆拒绝小王、小李暂时调离岗位的理由，高董事长只得顺从了他的说法。借调之事因此搁浅，小崔十分不悦。

其实，借调小王和小李是一件非常简单和普通的事，原本没有什么难度。再说了，小崔的初衷也是为了公司新项目尽快完成，无可厚非。但导致他行船"搁浅"的症结在于犯了职场中最大的忌讳：不拿上司当盘菜，令上司找不到存在感。

对于等级森严的职场来讲，每一个岗位和职位上的员工和"领导"必须履行好岗位职责，完成工作任务，不努力工作，或工作做不到位是不行的。但是，工作太超前了，事事想到前头、做到前头，真正做到"想领导所想，思领导所思，谋领导所谋"，也不一定是好事，也是不行的。如果这样，那还要领导干什么呢？你不是在以实际行动越位嘛！两千多年前的孔老夫子讲过"过犹不及"一词，意思就是什么事情做过了头，还不如不做。在职场中，如果把事情做过了头，就往往在不自觉中挑战了"领导"的存在感，让他无法容忍。

人们常会在职场中看到一种现象：做事严谨，一丝不苟，完成任务异常出色的人，往往会因为一点"瑕疵"，被领导批评得一无是处；而工作一般，还经常会出现些小问题、小毛病的人往往得到领导的宽恕和谅解，甚至还会被重用、提拔。怪呼哉？不怪！工作做过了头了人，往往自显其能，即使你遮掩得再严密，骨子里对领导存在感的忽视也还是会有蛛丝马迹的。职场中的人们，还是要把握好"火候"，压住自己欣欣向上的表现欲，夹住尾巴，千万不要不小心挫伤了领导的存在感。而且，越是低阶位的领导，存在感越强，越要对他无限敬重，满足他的虚荣心，给他吃个"定心丸"。

说到这里，前文讲到的魏经理坚决不同意借人之事，也就不难理解了。在职场中就要遵循职场规则，无论办什么事情，尤其是公事，都要公事公办，按程序一级一级请示。如果小崔在请示高董事长前，顺便跟魏经理打个招呼，或者跟魏经理提出申请让他请示高董事长，可能就不会出现高董同意而魏经理坚决反对的情况，那新课题新项目的推进计划就会顺利多多。话说回来，这个项目虽然没有借调人，完成任务的力量不足，但这决不能成为小崔完不成任务的借口，也是绝对不能不按时间完成任务的，否则，即使不受处罚，以后也不会有担当大任的机会了。所以，在职场中，一定要给职场中最大的忌讳搭建最坚固的"防护墙"，以实际行动上做到"高筑墙，不越墙"，不要因为触犯了大忌搞得自己灰头土脸的。

上级领导存在感受到伤害的情况通常有以下几种：

（1）上级出现失误或漏洞时，马上被下属批评纠正

发现上级的疏漏要沉得住气，放在心里暂时不讲。

（2）上级至上的"规律"受到侵犯

在公开或正式场合，一般的上级都喜欢下属恭维自己，讨厌下属抢镜头、抢次序。尤其是一些上级平时与下属距离过近，界限不分明，随随便便，甚至称兄道弟，把下属惯坏了，下属心目中的"上级意识"淡薄了，遇到正规场合，就可能伤害上级的尊严。

（3）下级在背后表示对上级的不满

没有不透风的墙，在背后对领导表示不满，一旦传到上级耳朵里，后果可想而知。

（4）下级耍弄上级

这是领导存在感最严重的践踏，关乎他的尊严，无论你是留下还是离开，都不要戏弄领导。

克服并矫正了以上做法，你就能进入上司的法眼了。

4. 所有领导都厌恶地位被威胁

某公司的业务员张刚能讲一口流利的英语，平时在跟外商谈判时，他总是显得光芒四射。因此，他有些飘飘然，对于那个个头比自己矮，学历、水平和能力好像也没有自己高的销售经理，有点不以为然。

有一次，张刚和销售经理同时出现在一个商务聚会上。张刚得意地与外商频频举杯，用英语海阔天空地闲聊。这时，销售经理频频示意要他一鼓作气将协议签下来，而他却只顾着卖弄自己，最后竟把签协议的事给忘了。结果，那份本来可以当场签订的协议却因为他而错过了签约机会。

因为这次失误，没过几天，张刚就被调到了另外一个不怎么重要的业务部门。

临走时，销售经理告诫他："纵然你再有才华，也要记得自己的位置。"

张刚这才知道自己没有找准定位，其实自己充其量只是略有才华而已，并不是公司的核心人物。得意忘形，在如此重要的场合喧宾夺主，领导岂能容忍自己？

后来，张刚在新的部门吸取了教训，不仅对部门经理恭敬有加，而且说话做事严格恪守自己的职位本分。在与外商谈生意时，张刚多是在一旁保持缄默，只是在适当的时候为部门经理补台，比如部门经理忘了一个关键数据，他就会在部门经理停顿的瞬间及时地予以提醒。部门经理因此非常感激张刚，甚至还拍着他的肩膀说他是自己的左膀右臂。

作为高你一级的上司，他们经常自己和自己拧巴，一方面，希望下属很有才华，有担当，有解决力，另一方面，又心存忌惮，生怕下属超过自己。这就要求你在平时的工作表现中，既要天天向上，又不能发力太猛逾越自己本分，凡事做到差不多就行，这是你要把握的火候。否则，表现过于出色，出位，就会引起上司的嫉妒之心。

林小姐是某广告公司的业务骨干，她是吴总一手带起来的员工，她们十几年的老关系了，吴总既是领导，又是长辈、长姐，林小姐一直对她敬爱有加，而吴总对她也是爱才如命。这两年，平面媒体广告难做，公司必须要转型了，吴总就花钱让林小姐去英国参加新媒体研修班。对此，林小姐很是感激。

一年后，林小姐学成回国，照样为吴总效力。面对严峻的平面媒体广告环境，她们在经营策略上做出重大调整，决定放弃平面广告这一块，走举办活动的新媒体改革路线。在林小姐的创意和组织下，活动举办得一年比一年成功，到第三届活动时，已经在业界形成好品牌，吸引了高层的注意力，得到表彰。

然而，有一个不好的现象出现了。那就是在活动策划过程中，林小姐和吴总的分歧越来越大，一个是老干部遇上新问题，感到力不从心，另一个刚刚镀金回来，满脑子想法和创意，处于黄金时期。吴总怕林小姐能力太突出，盖过自己的风采，地位受到威胁。为了试探林小姐的心意和忠诚度，她开始没事找事，变着法儿找茬，很多平时不是问题的小问题，吴总也小题大做，同事们都非常不解，林小姐更是烦恼，从一开始的隐忍，到后来的私下争论，再到后来的当众争吵，局势越发不可收拾。

其实，吴总的这些做法都是在考验林小姐到底对她有没有谋反之意而故意为之。

尽管林小姐每次都反抗，吴总也没有解雇她的意思，说实话，她还挺女汉子的，她说宁愿和林小姐一起在商海起伏中跌倒谷底，也不会一拍两散。遗憾的是，定力不够的林小姐到底没有经受住这样的考验，她根本不懂吴总的良苦用心，认为吴总专门为难她，以致竟与吴总公开挑战。结果吴总忍痛割爱，把她辞退了。

所有上司都厌恶地位被挑战，即便你很能耐，也要收敛着点。实际上，真正让你坐在领导的位置上，你未必比他做得好。所以，领导不像你批评得那么糟糕，你不像你想象得那样完好，不要动不动就有僭越篡权之心。

5. 他喜欢什么样的工作方式

和领导相处之道，有人形容"伴君如伴虎"，其实，恐惧来源于无知，假如你对领导的行事风格了如指掌，那么伴君就如"伴鼠"。

作为员工，你必须了解上司的领导风格与行为方式，这是你工作方法的总指向，也是提高自己竞争力混职场的总起点。在职场上，所有员工都是为领导服务的，员工必须服从、服务于领导目标的实现。只有了解领导基本的领导风格，才能创造性地运用自身的工作方法，投其所好，上下同心，达成愿景。

邹先生在一家生活类的杂志社做广告销售，他的直接上司广告总监是个很喜欢随时和员工沟通的女人。尽管社长不要求业务员天天坐班，但广告总监坚持要求下属早九晚五。在这个单位一干就是五年，邹先生已经习以为常。去年底，因为单位效益不好，邹先生换到另一家时尚类的杂志社做业务。尽管新单位的员工手册上写明了业务员只需周一和周四到单位，其他时间不作要求，但邹先生觉得听话总是好的，也许是工作习惯的一种惯性吧，他还是坚持每天都去单位上班。邹先生满心以为领导会认为他敬业爱岗而表扬他，没料想有一次在例会上竟然被领导公开批评，嫌他在单位待的时间太长，不出去找客户见客户。邹先生很是委屈，以前的单位是他不想坐班但领导强迫他坐班，没想到这一招在新单位行不通。

其实作为业务人员，坐班不坐班都不是问题，是否需要坐班，纯属领导的管理风格。有的领导严谨死板，喜欢员工个个都在，强调整齐划一的纪律性；有的领导则注重结果，对形式并不讲究。公司像一部汽车，每位主管都是一个大零件，部属是协助大零件运作的小零件，小零件要知道大零件的角色与功能，才能发挥各自的功效，协助大零件正常运作，汽车才能安全上路。因此，要想和领导合作起来顺风顺水，就需要了解领导的处事风格，了解的内容包括老板的做事方法与态度、价值观等等。

大体上来说，领导的处事风格可以分为以下四种类型。

类型一：结果型领导

这一类型的领导的性格多属于力量型，就其职场特质而论可称做"老虎型"。那么，如何赢得结果型领导的赏识呢？

首先，工作要务实。由于结果型领导的性格多是急性子，所以在工作中下属不必有太多的"花招"，领导所欣赏的是下属说话时"一招直击要害"。如果做太多的铺垫反而会让领导觉得繁冗，快、精、准地切入主题才会得到他的认同和赞赏。

其次，要注重结果。这一类型的领导在工作中最为关注的就是事情的重点和做事的结果。所以，在解决问题的过程中一定要突出问题的重点，同时要简单明了地列举出各种方案所能达成的各种结果以及产生的影响。

再次，要不拘一格。"忙"是这种类型的领导的一个突出特点。所以，不要指望领导会在办公桌前等候你，有事情要积极找领导，抓紧沟通。

类型二：细节型领导

在做事风格上，属于这一类型的领导往往崇尚完美，就其职场特质而论可叫做"猫头鹰型"。要想赢得细节型领导的赏识，需要做到以下几点：

首先，要中规中矩。由于细节型领导事事追求完美，在他们看来，对待工作要像对待艺术品一样，精益求精。因此，如果遇到这样的领导，下属的工作一定要系统化、程序化，看起来一切都有条不紊。

其次，要关注细节。由于完美在作祟，这一类型领导看待事物多关注细节，他们需要精细、全面的书面沟通。

再次，三思而后行。善思是细节型领导的处事风格。所以，在处理问题时不要轻举妄动，而要多动脑子去思考，否则会给领导留下有勇无谋的印象。

类型三：机会型领导

机会型领导思维敏捷，思想活跃，其职场特质可形象地称为"孔雀型"。在这一类型领导面前，要做到以下几点：

首先，头脑要灵活机动。由于机会型领导本身的特点，决定了其做出的决定往往是暂时的。也就是说，你的思维一定要跟得上领导的节拍，还要做好应对临时性改变的准备。

其次，要多方位思考。这类领导有着极强的创造力，所以在工作上，他们喜欢不断创新。在这类领导手下工作，你一定要多方位地去思考问题，善于发挥自己的想象空间，只有这样才能让领导认为你是个可造之才。

再次，要多进行推动。因为性格本身的特点，机会型领导一般都比较爱面子，所以在工作中既要有理有据，又尽可能地让领导感觉那是他自己的主意，也就是说要多起推动的作用，否则一旦抢了领导的风头，就很有可能给今后的工作带来不必要的麻烦。

类型四：整合型领导

整合型领导的性格通常较为温和。在这一类型的领导手下做事，要做到以下几点：

首先要准备充分。因为整合型领导善于综合，喜欢收听组织内的各种传言。所以，在工作中面对问题时，一定要有充分的准备，列举的问题要做到准确无误，同时对于结果的预计也要合理，切不可给领导留下冒失、经验不足的印象。

其次，要善于建立关系。这种类型的领导非常注重人际关系，所以建立良好的人际关系可以为你和领导达成工作上的共识奠定坚实的基础。

再次，要有耐心和耐力。因为这一类型的领导在性格上具有敏感、易妥协的特征，所以对任何问题都要给予其充分的考虑时间。

在平日的工作里，我们很少能事先判定领导的做事风格，但可以在和领导打交道的时候通过交谈和观察，了解领导的处事风格，再根据领导的处事风格调整我们自己的工作风格，以适应工作中领导的风格。

我们必须承认，为了实现组织的目标，某些时候领导并不是仅仅采用一种风格，但是，总有一种处事风格居于主导地位。为了抓到这种风格，你可以这样做：

首先，提高敏感度，眼观四面，耳听八方。在职场上要眼明心亮，练就灵敏的嗅觉，第一时间感知和上司有关的一切风吹草动。

其次，用老板喜欢的方式跟老板沟通。重视向上沟通的方式与感觉，例如先确定老板的工作行程与心情状态，再找适当时机跟老板报告进度。而且尽量配合老板的心情状态，用不同的表情与语气跟老板说话，例如老板很严肃，就不宜太嬉皮笑脸；老板心情很雀跃，就别傻傻地泼老板冷水。

再次，了解老板的价值观与在乎重点。你要讨好一个人，一定要知道他在乎什么，厌恶什么，这样才能迎合他。

此外，了解老板的期望也很重要。例如大老板下半年的运行目标是什么？节省成本？冲刺业绩？你的部门须达成公司哪些目标？老板希望你下半年有何表现？别糊里糊涂，一问三不知，铁定出局。

6. 他喜欢什么类型的员工

很多人都高呼如何做个老板喜欢的员工，说实话，总觉得这句话您言重了。假如你所在的是一个小公司，当老板就是主管的时候，你惦记着被老板喜欢还行。若你服务的是一个大公司，普通员工和老板之间差了很多级，有主管、部门经理、副总裁、总裁、董事等等，老板直接喜欢你的可能性很小。只有那些"爱厂如家"的人在一定条件下维护了老板的直接利益，才会得到老板的青睐，否则你根本没有机会。所以，除非你在这个公司有什么后台，否则你需要直接接触的领导有三个：你的主管和你主管的直接领导，适当地接触分管你所在部门的高管。而主管你的直接领导对你的评价至关重要，和他们处好关系，对于你的职场生涯有利无弊。

那么，平常领导会喜欢什么样的下属呢？一般情况下，能被这些中层领导所喜欢的人，一定是个忠诚能干的人，一个能够读懂领导心思的人，也一定是个遇事灵活应变、有创意、有能力的好下属。简单来说，中层领导喜欢下面这些类型的员工。

领导喜欢"放心"的下属

什么叫放心？包括两方面意思：一方面，能够把事情做好，这是专业和技术的能力问题。同时还能够独立地承担一些重要任务，把被同事忽略的事情也能够承担下来。另一方面，他做的事情是否符合领导心意，这是和领导的沟通能力问题。第二点尤其重要。如果一个人能力特别强，做事却又跟领导对着干，反而让领导更加不支持他的工作。这是那些自恃能力高、自命清高的人最容易犯的错误。那些能够服从领导、维护领导尊严的人，才是领导喜欢的人。凡是领导决定了的事情，他们都坚决去执行；但在执行中注意，对可能发生的问题进行准备，以便及时调整。在领导决定了的时候，答应是第一位的，领导出现失误或漏洞时，这些人不会急于表现不满。在工作过程中，汇报工作的时候，他们才会谈具体遇到了哪些问题，是否应该这样调整。

领导喜欢善于沟通的员工

一个人在职场上，不可太死气沉沉拒人千里之外，要能快速融入团队，而不是被动地等待被别人接受。

人们通常喜欢那种善于交流和沟通的新同事，刚进入新环境，就能主动友善地接近身边同事，在该发言的时候发言，该表示关心的时候真诚地关心他人。

其实，如果看到这样态度积极的新人，周围其他同事也会很乐意去接受这种善意的亲近，并作出相应的反馈。这样双方都能很快地彼此熟悉和了解，不仅有利于新人成长，也有利于工作开展。当然，这并不意味着新人可以很张狂，在主动融入团队的过程中要把握好度。

有些表现很得当的新人真的很讨人喜欢。刚来的时候嘴巴很甜，见着谁都尊敬地唤老师，但绝不是虚情假意，也更不会两面派。有什么工作也都积极肯干，并虚心地向其他前辈请教，即使做错了事情也敢于认错。他们还善于独立思考，善于积极提问，当然并不是刻意表现自己。而那些性格过于内向，沉默寡言又很怯问的新人，都不知道怎么让他们开窍，怎么引导他们。

总之，从主管的角度，肯定喜欢勇于主动交流和善于沟通的下属。

领导喜欢有合作精神的下属

Jacky是某广告公司策划总监，他进现在这个公司三年了。前不久，当初和他一起进来的另外一个同事小李被他开除了，论私人情感，他真的于心不忍，但因为小李过于自信，合作能力太差了，没有一个同事愿意和他一个组，这让Jacky万般无奈，不开除他已经不足以平民愤了。举个例子说吧，一次开会讨论广告方案，小李居然因为项目组员和自己的意见不一致而争论起来，弄得在场的人都很尴尬。

离开这个单位后，小李好几个月都没有找到工作，这让Jacky非常难过。为了从根本上帮助他，Jacky先小人后君子，狠狠批评了小李一次，指出了他的缺点就是太缺乏合作精神了。小李看在眼里，记在心里。他调整了自己的行为方式，果然很快找到了工作。在之后的工作中，遇与大家意见不一致的时候，他总是尽量避免跟人正面冲突，他在心里劝自己：意见相左没关系，伤了和气是大事，求同存异大体才好。所以他在新单位很受欢迎，很快就成为办公室里的亮点，同事都喜欢他，领导也赏识他。工作的状态非常完美。

其实，同事之间的情谊也是在工作中培养起来的，团队精神也是通过一次次磨合、理解、迁就锻炼出来的。作为新人，有合作的意识应该较受企业欢迎。

领导喜欢务实的下属

文员小张跟小A一起进入一家公司工作。小A长得很漂亮，在学校时曾担任过学生会干部，能说会道，是很有主见的一个人。说实话，与她竞争小张是有点自卑的。进入公司第一天，小A就成了所有人注目的焦点。每天看她与同事们聊得很投机、熟络的样子，小张都会有种被隔离、被忽视的感觉。但是她的心态比较好，分内的事她总是会尽力做好，别人的事大多不太干涉，工作上遇到不懂的事情，她会虚心请教同事，中午吃饭时与同事聊聊天，渐渐大家都熟悉起来。

小张虽然不及小A那么活跃、适应性强，但同事们也都感觉到了她不善言辞背后的真诚。而且与小A相比，同事们似乎更认可她，有什么事都拜托她，一些比较重要的工作也都交给她。现在回头看看真的觉得，做人要低姿态一点，这是自我保护的好方法，急于求成反而会引起他人的反感。

领导喜欢谦虚的员工

领导，尤其是中层领导，最需要员工谦虚了。处在一个新环境中，不管你多有能耐，有多大的抱负，也要本着学习的态度，"多干活儿少说话"不失为一个好办法，切忌自作主张。初生牛犊不怕虎，刚刚参加工作的新人总是迫不及待地把自己的想法说出来，希望得到大家的认可。而实际上，能人能在做大事上，而不在大话上，工作业绩才是最好的竞争武器。

为了让自己的人生阶梯走得更高，你必须学会谦虚谨慎，不要在上司面前显摆。即使他真不行，而你真的行，也不要抢风头。

领导喜欢敬业的下属

每一个领导都喜欢有敬业精神的下属。懂得取得领导信任的人，既会重实干，又会对领导维护与忠心，二者结合，他们才能取得领导的真正信任。就敬业方面而言，他们首先对工作有耐心、恒心和毅力。其次他们懂得苦干加巧干。勤勤恳恳、埋头苦干的敬业精神值得提倡，但必须注意效率。最后，敬业也要能干会"道"。"道"就是让领导知道或感受到所付出的努力。有才华且能干的下属更容易引起领导的注意。当领导交代的任务确实有难度，在其他同事畏手畏脚时，他们会有勇气出来接受。他们还会主动争取领导的指导，因为他们知道很多领导并不希望通过单纯的发号施令来推动下属开展工作。

领导喜欢处事灵活的下属

在公司中做下属的应该适当了解上司的生活习惯、处事作风，然后加以巧妙周旋。有的领导喜欢受到下属的吹捧，这时就会有聪明的下属附和老板的各种决策，不时向他说几句赞赏的话，让他觉得被认为很英明。如果是不同意他的观点，聪明人也不会当着别人的面指出来。如果有领导老是害怕自己的下属会超过他，这时聪明的下属就会在领导面前表现得不如他，遇事要向他汇报，听取他的意见。如果领导喜欢下属有才干，他们又会随时向他提出自己的建议，展示自己的才华。一个领导者，不可避免地就会对一个总是夸赞他的手下产生好感，因为你不能要求领导者在一个至高无上的地位上，还要放低身份和自尊，去听取下属的批评和接受下属的顶撞。

7. 三招摸清主管脾气，职场轻松驾驭

"向上管理"是每位员工都要学的一门职场课，了解主管对工作的要求有多细、对报告要求有多频繁，对事情是胡子眉毛一把抓还是抓大放小，甚至听简报时会注意什么、讨厌什么十分必要。摸清主管的脾气，你才能每次做事都把力气用对方向，不会辛苦一场，不会因为结果缺东漏西被骂得狗血喷头。

前日本星巴克CEO岩田松雄在超级畅销书《成为让上司值得托付的部属》中提到，想了解主管的喜好与性格，靠"试误"是最愚蠢的做法，等你摸清老板个性，大概也已经黑到永不能翻身了。

想了解主管，岩田建议"请善用观察"，仔细看"你的上司是如何面对他的上司"，就是你该怎么面对你的上司的最佳做法！

（1）观察你的上司是如何对他的上司进行报告的

例如你的上司是课长，那他的上司就是部长，而你向上管理的学习任务，就是观察课长对部长是怎么做报告、联络、商量。

如果你的上司会仔细地准备文件，认真报告、定时联络、大小事巨细靡遗地与上司商量，那他对你就会有同样要求。反过来说，如果你的上司在报告、联络、商量上只针对重点，甚至只和与事情相关的关键主管报告，那对你的要求也就会是"只讲重点就好"。

如果没有看清这点，对于要求仔细的主管只做重点报告，或对只看重点的主管过分说明细节，都会让你无法获得主管的好评。

（2）不必对上司阿谀奉承，但人人都希望获得部属的认同

"首先你要了解，上司也想得到部属的认同。"岩田强调，就像部属都希望得到上司的称赞，上司其实也是一样，希望能得到部属赞美与认定"我是一位好上司"。所以他们有时难免会自吹自擂，想要显得很优秀，人性天然地带有虚荣的成分。

因此岩田建议，身为部属，当然不需要因此"阿谀奉承"，但就像人与人自然相处时的礼貌一样，当你觉得对方真的很棒时，就请不要扭捏地说出来吧！一旦觉得上司做得很好就直说很好；觉得很厉害就说很厉害，把自己内心对对方的认可传达给对方知道。

岩田强调，就跟任何人都会比较重视对自己友善的人，所以以友善的态度对待上司，不必特意自诩"我才不奉承、不谄媚，是刚正不阿的部属"，甚至摆出与主管抗衡的姿态，觉得对方做得好，就直接说出做得好的事实，"上司其实心中也知道自己的分量有多少，只要不是谎言，没有任何一位上司被称赞会觉得不开心的！"

（3）向上司建言，好话公开说、难听话私底下说

要成为主管愿意器重的部属，不能永远只当一个"只会听命行事"的人，毕竟一个人所能考量到的面一定有所局限。所以如果能够让工作成果更好，或让公司变得更好，真正杰出的员工会懂得对上司提出各种建议，因为其中多少一定会有些建议让上司觉得"这真是太棒了！"

不过岩田表示，这些建议中，一定也会有让主管觉得心惊胆战的建议。因此对上司提出建言，必须要极为谨慎。就算自认事出于善意，也要顾及主管的颜面，否则会导致严重的后果。

首先要注意的是"提出的场合"。如果是赞美、附和上司，或让上司感到自豪的话，便可趁着会议或聚会等公开场合说，这么做甚至有加分的效果。但如果是会令上司面有难色的话，绝对必须另辟场合私下说才行；即便在会议中突然发现"这件事非说不可"，但只要你认为"若现在说上司可能会下不了台"，那就千万别当场说出来，会后再找上司，"方便和您说几句话吗？"两个人单独谈比较好，甚至假装把这个问题当做"私人的疑问"，婉转地作为提醒。

最后岩田提醒，"向上司建言"永远存在风险，请务必先观察上司"是否具有接纳别人建议的心胸"，如果是明理好沟通的上司，就采用上述方式婉转传达。若不是，你又不想离这家公司，就请"学习忍耐两年"，多数大企业多半会三年轮调一次职务，把自己也会调动考量进去，在这人底下做事大概只有两年时间，真的不行，两年也是个离职的妥当时间，"宁可敬而远之，也不必勉强配合，但千万不要硬碰硬。"这是岩田给所有职场员工的忠告。

第二章

先管理好你自己，
才有资格实施逆反

　　说实话，若你嘴上没几把刷子，腰上没几样武器，你凭什么指望上司稀罕你？综观职场上混得好的"香饽饽"们，个个都有几样绝活，有的是口吐莲花会说话，有的是人情练达会办事，有的是学富五车技术一流，有的是世事洞明人品过硬，有的……总要有杀手铜的，才能屹立不倒。所以，向上管理，也要修炼自己。

1. 做下属的最高境界是：我办事，您放心

这是发生在台湾职场的一个真实案例，一个小助理凭借"我办事，您放心"的杀手铜麻雀变凤凰，成为职场励志的经典案例。故事是这样的：

几个月前，台湾某著名学者的研究团队来了一位新的研究助理，当时这位资历颇深的老教授正在筹办一场著名的学术研讨会，邀请了好几个内地学者访问团来访。这位教授有好几个助理，因为事务繁多，每一个助理都忙得团团转。有一天，老教授接到电话通知说有一批大陆教授没有拿到入台证，来不了台湾。听到这个消息老先生就慌了，他快速跑到助理室，问各位助理现在该怎么办。几位助理你一言我一语的，意见纷纷，像往常一样在焦急地等待老先生做出指示。见此状况，老先生只得理性地说，比较重要的是牵涉到经费的订房、车辆都先改，赶快去打听一下改订的事情吧。话音刚落，只见那位新来的小助理镇静地说："不用打听了，我都订好了。"

老先生很纳闷，忙问为什么，小助理娓娓道来。当初没有人跟他明确地说有几个人要来，只说"大概"如何如何，所以他就自己假设几种状况，多问了几家，分别都做了保留，只要再打通电话就好。这位新助理的气定神闲的表情，让学者对他产生了深刻的印象。

麻烦到此并没有结束，研讨会前一天，大陆学者有的从北京直飞，有的从广州转香港飞台湾，带头的团长自己却从昆明一个人过来，接机助理忙得人仰马翻，最后只好由老先生亲自出马去桃园机场接机，但此时他人在三峡的"国家教育研究院"，车子留在和平东路的师大，又是一桩麻烦

事，老先生正忧虑着要如何赶去机场，这时候那位新来的小助理又作出了神一样的补救：他拿了一个防水数据夹给先生，里面有一沓文件，还有两张千元大钞。老先生惊奇地问："这是做什么呢？小助理交代说，里面有接机的注意事项、访客名单及接机分工表，那笔钱则是零用金，这个防水资料夹他准备了好几份，负责接机的人都有一份，先生您是最后一个领数据夹的人。然后他递给先生一支笔说，老师，您也要签名以示负责。先生又问，那么里面那张台北县地图是做什么用的呢？小助理说是给访客了解台北用的，让他们可以去除环境的陌生感。老先生心悦诚服地点点头，称许他做事周到，然后就搭出租车赶去机场，结果到了机场翻开皮夹却没有足够的钱支付车资，想到防水夹里有零用金，恰好解除了当下没钱付账的窘境。资历颇深的老教授在心里默默感谢那位小助理，确实能够替自己分忧解劳，他简直太伟大了。

这时候，老教授脑海里想起一句话：你办事，我放心。这句话，是多年前他的一位师长毕业前给众弟子的赠言。师长说，步入社会参加工作，成绩不再重要，能力也能培养，最难能可贵的是能让人信赖，最难做到的是知所进退，拿捏份际。如果哪一天你的老板对你说"你办事，我放心"，那你就离成功不远了。而谁能做到替上司分忧解难，那就是成功的向上管理。

这次接待工作完成后，老教授就提拔小助理为高级助理。很多老助理都不服，但教授在总结会上高调宣布原因：他办事，我放心。

是的，无论在任何性质的职场，上司最喜欢的下属永远是这样子的：他办事，我放心。领导喜欢解决能力强，顺境时能锦上添花，逆境时能雪中送炭的下属，这些职员能想上司所未想，急领导之未急，只要有他们在，就不会出乱子，一切都四平八稳的。这样的下属，换你是领导，你也视为珍宝。

领导也是凡人，需要被"管理"

但凡有点管理学常识的人都熟悉"管理"的定义，不外是对于所赋予的任务进行规划、组织、领导、控制来追求效率与成果，但是"管理"一词向来是指上对下的影响历程与结果，很少有人会想到管理也可以是部属对上司的主动影响。可是上司主管其实也是凡人，你看他高高在上，但是内心可能比你还低落。当你能为上司主管分忧解劳之时，除了拉近彼此的关系与交情，更重要的是也替他分担了管理职能，因为你做到了替他规划、替他组织、引导主管决策并能掌控全局，这是做人部属的最高境界。

管理上司从"向上规划"开始

管理的第一个功能是规划，因此部属对于上司的影响也可以从规划做起。一般在职场常见的是部属对于上司言听计从，即使对上司的规划不以为然，也很少有部属能够勇敢地对上司说出自己的想法，而多采取虚与委蛇的态度但又暗自不爽在心里。如果部属能够预先做好功课，适时提出方案，即使部属的想法不见得比上司来得好，但是已经足够让他对你留下深刻的印象。

就像上述案例中新来的小助理，总是会比教授多设想一些，比他的同事们做得更仔细一些，几个月下来，确实让教授对他信赖有加。平日里，他经常对教授说，"老师，这件事您不必费心，只要签名就好"，"老师，这件事我已经处理了什么什么了，现在您还要做什么做什么喔！"比较复杂的状况则像选择题，像是："老师，您若要怎样的话，我就会去怎样，但您若要那样的话，我则会怎样，现在老师您想怎样？"，老师通常就按照他的建议或几个选择做个决定，事情就可以顺利往下走，这是其他老助理做不到的。他做到了同事做不到的，所以他成功了，而那些同事只能原地踏步。说白了，拼职场，不就是拼个谁比谁更能让领导放心嘛！

2. 做个有自我成长意识的好员工

先来共享一下小付的职场故事。

在A企业已供职多年的小付,最近内心处在极度郁闷当中,她不停地扪心自问:"我是一个好员工吗?"然而却没有肯定的答案。已经连续五年都是公司的"先进",难道这还说明不了问题吗?可为什么升职加薪却总与自己失之交臂!到底我还有哪些没有做到?一天到晚兢兢业业,像老黄牛一样任劳任怨,节假日加班就如家常便饭,真是又红又专。而且是一毕业就进入到这家公司,从第二年就开始当"先进",到今年算起来小付在公司整整待了六年整,可细细想起来,再看看一路走过的脚印,到目前为止却好像是在"原地踏步"。

对于前途,小付从没有为自己的职业做过什么宏伟规划,她只是简单地认为,只要我做工作不出大错,听领导话,与同事友好相处就够了。小付甚至于在进入到A公司六年当中,从没有迟到过,虽然工作上偶尔因没有亮点而受到相关领导的点名,但并没有因没完成或是出大错而受到领导的批评。上下级关系也没什么问题,她从不和领导有分歧,凡事领导说什么,就是什么。在平时工作中不爱发表个人见解,总用张三或李四的话来转述自己的观点,在领导和同事眼里她是个内向、很好说话的人。而且在个人待遇方面,她从没有与领导沟通过,只是一味地接受公司每年增加的一百元"忠诚津贴",她怕将这个"最敏感"的话题找领导谈了,年终"先进"就会旁落他人。

陷入沉思与回想中的小付,"很纠结!"作为一个80后的女孩,在职场中奔波了多年,却仍然不能有一点"成就感",连个基层主管都没"捞着"，陷入"仅仅是所谓先进"怪圈。职场的前景与光明，职场的上升空间又在哪里，六年来小付没想过，可这次她仔细地想了，连自己都无法"原谅"自己。难道自己真的不是一位"好员工"吗？

在这个例子中，小付童鞋的确有许多可圈可点的优点，而"好员工"却不等于是企业中的有价值员工，同时也并不是成就职场曲折上升的一个重要因素。同样的上班，为什么有的人几年后当上了经理、总监或总经理，而有的人还是一名普通员工呢？孙子说：道者，令民与上同意也。将者，智信仁勇严也！ 就解密了"小付现象"——想让领导喜欢，就要做到与领导愿望一致，同心同德。做不到，那你只能原地踏步，平凡终老。

职场中的"小付现象"非常之多，他们一味属于被动行为在职场进行工作，他们是个"好先进"但却并不是个"好员工"，不能独当一面，只适合"泡"在基层工作，却不能委以重任。为什么呢？

因为"先进"的员工不是"卓越"的员工

你要知道，职场从来都不是"一团和气"和"安于现状"能够做出成绩的，职场人在企业或单位组织中的"先进"仅仅说明你相较于其他员工遵纪守法听领导话，是"优秀"的，但并非"卓越"的。这也仅仅是从一个比较小的侧面体现出你的品行综合判断上是被大家认可的，但它离成为你职场竞争的砝码还相距甚远。因为决定一个员工是否升级，关键在于员工为企业所创造的价值，所以，员工在关心位子、票子、面子之前，先要想好如何提高工作价值。因为工作强度不等于工作价值，勤劳程度也不等于工作价值，学历高低也不等于工作价值，甚至经验多少也不等于工作价值。衡量工作价值的标准就是工作业绩、工作贡献。一个人要想提高工作价值，就一定要以企业为中心，以业绩为导向，为企业作贡献，这才是价值的体现。

试问，你在某企业或单位组织中像小付一样被看作是"先进工作者"或是领导认为的"好员工"，你若跳槽到另一个组织，让职场挪挪窝，还会同样被认为是这样的吗？起码不同的领导，不同的组织单位判断标准和审视角度是不同的。小付的职场"停滞不前"，也正是基于没能增加"长期价值砝码"，对自己的职业生涯也比较模糊，大有"当一天和尚撞一天钟"之嫌。天下没有不散的宴席，"铁饭碗"的时代早已一去不返，谁也不能保证在某企业、单位或组织中一劳永逸，抱守终身。

而在任何时期、任何地方都能凸显出职场中的"长期价值"，真正去考虑你想事物改变，就得为改变做点事情。因为机会都是给予有准备的人，你不准备，职场也就会像小付一样，只有小范围的"工作成绩"，却无法达到职场中的"价值成就"。那么，如果真想成为一名好员工，成就职场，那你起码应该做到如下几方面：

做个有梦想的员工，让目标与执行启航

要想在任何一家企业或单位组织中成为一个"有价值的好员工"，让自我升华，必须先要敢想，有一个梦想，在梦想阶段，要用倒着思考的方法，然后正着去做，最后再想要做什么和怎么做才能达到这一点；其次有一个明确的目标。

有了梦想、有了明确的目标之后，计划就非常重要。工作每天都在做，但是如果当成完成任务来干工作是做不好的，要把工作当成是自己的责任，分解到每一天，每一天都做到卓越。最远的距离是知和行的距离，除了要牢记这些道理，关键是要付诸行动。拥有强烈的责任感，责任就是对自己做的事情有一种爱，就好比谈恋爱，对着自己喜欢的人，怎么都不会厌倦。责任是第一领导力，热情是一种品质，学习是一种品格。学习不是简单的模仿，而是掌握成功人士之所以成功的精髓。做好一件事的方法是有一个切实可行的计划书，然后按计划实行。

当我们带着梦想，确认目标，用可行的计划，然后持续地行动，最后完成想要做的事情。在这个过程当中，会有障碍，会有挑战，会有挫折甚至会有失败，但价值已启航并在路上。

学习+专长让你独当一面

职场上，对于价值员工的成长来说，学习十分重要。当一个员工工作勤奋刻苦、心无旁骛时，他才会真正钻到工作中去，才能把工作做得更出色，成功自然也会慢慢向他靠近。一时一刻不放松业务学习，并且要做到学有专长，成为某一方面的骨干或"尖子"。如果放弃对新知识的学习、新技能的掌握、新问题的研究，即使你是个"老职场"，也会落伍。

在企业里工作，大部分员工们干的都是"小事"，而业务专长的精准把握会转化成你成为"独当一面好员工"的重要保障。在本职岗位上工作出色并能独当一面，无需让人操太多心，会一丝不苟地把事情做到最好。要学会成为领导的希望和助力，在工作中遇到问题时，你自己要想办法去解决这些问题，而不是把遇到的问题留给领导。领导有其自身的工作和责任，而员工要做的就是要帮助领导分忧解难，而不是拿一些琐事去增加领导工作。那些不论领导是否安排任务、自己主动促成业务的员工，交付任务、遇到问题后不会推脱的员工，能够主动请缨、排除万难、为公司创造价值的员工，是老板最需要的员工。"听命行事"不再是优秀员工模式，积极主动独当一面的员工，才是最需要的。

其实，好的工作本身就是合作，好的就业本身的就是创业，好的职业本身就是事业。职场当中有两种人，一种是主动改变自己的人，一种是别人要求他改变的人。大多数是别人要求才愿意改变，所以他们的工作就是为了完成别人交给他的任务，而另一种人，他们是主动请示工作，主动承担责任的人，他们做事从来不等待别人来分配工作，而是自动、自发、自觉、自愿地工作。因为他们是为自我成长而工作，是为了体现自身价值，发挥自身潜能。他们在职场中则会成为成长最快、业绩最好，也是最受单位组织和企业老板欢迎的"好员工"。

3. 一定要让上司放心你的人品

小高在一家大公司做司机，日常负责财务总监的外出工作，月薪3000元。

刚到公司时，单位规定公司用车每月的费用是5000元标准，如果不够可以再到财务室支取，但一切消费都必须开国家正规发票。对于这项明文规定的纪律，小高全记在心上，严格恪守。

一个月过后，公司用车的费用合计是3000元，足足剩下了2000元。小高心想，标准是5000元，那么剩下的这些钱怎么办，是交给财务，还是归为己有？思前想后，小高还是决定上交给财务。财务核实了发票后，又支付了下个月的5000元。这个月，小高因为技术过硬被老板钦点出了两次远门，回来后已到月底。小高把这个月的费用算了一下是4000元，于是还剩下1000元，他没有犹豫便上交了剩余款，又领了下月份的费用。很快一个月又过去了，又剩下1500元。小高心想，单位规定的标准是5000元，可每个月都达不到这个数字，以后在开发票时可以多开点，自己也好从中赚点钱。但一个月过后，小高有心没胆，还是把剩余的钱款上交到财务室。

对于他的做法，公司内的其他同行都非常反感，觉得他死心眼，假清高，不合群。因为其他人都觉得工资太低，多是通过多开发票的形式赚取点灰色收入。对于月薪3000元的工资，小高也觉得低，但既然选择了这份工作，就要服从和接受，不接受，你可以走，所以他不像其他人那样抱怨，遵守自己的职业操守。

令小高没有想到的是，他这个月的工资涨了1000元，并且被提升为司机班班长。而其他几个自作聪明的司机却都因为费用报销问题而被辞退。

回想起之前的私念，小高现在不免紧张，幸亏之前没有做，今后也不会再想。

你看，那些"聪明"的司机，一直试图通过各种努力来向上管理领导给他们增加薪水，先是来明的，明的不行就"曲线救我"，通过虚开发票的形式给自己增加灰色收入，却最终被辞退。而小高坦坦荡荡本本分分却无心插柳柳成荫，成功向上管理，获得了升职加薪。

小高的经历告诉我们：要想保住饭碗进而得到重用，必须人品过硬。

职场上，能力很重要，可是有一样东西比能力更重要，那就是人品。很多开公司的朋友都说，招聘员工，人品靠得住最重要，相对于能力，他们更看重人品。在他们看来，人品，才是人真正的最高学历。人品和能力，如同左手和右手：单有能力，没有人品，人将残缺不全。能力合格的人不一定是上品，而人品不合格的人就是危险品。没有人会愿意重用一个成绩合格但人品有问题的危险人物。一个人人品不好，即使有天大的才能，他也可能会在关键的时候给组织带来伤害，并且，能力越大所造成的损失也会越大。从这个意义上说，人品其实决定着整个组织与个人的方向与前途。提高、锤炼员工的人品素养已成为当前各类单位、组织的重要使命。

既然人品是人的能力施展的基础，是当今社会最稀缺而珍贵的品质标签，那么，意图向上管理，那就要过好人品考验这一关。你要放弃一切心存侥幸耍偷耍滑搞小聪明的念头，千万别拿领导当傻子，既然人家职位在你之上，那无论论情商智商财商等一切商都应该不会输于你。

一般而言，比能力更重要的品格具体表现在以下这些方面：

忠诚——是职场人对待工作的一种态度，对自己服务机构的一种职业态度，站在公司的立场上思考问题，自觉维护公司的利益，在猎才挖人诱惑面前经得住考验，能够始终坚守承诺，忠于雇主。

敬业——职场人不论工作有多么困难和艰辛，始终抱有一份敬业的态度，这是职业经理人良好品质的重要表现，看透工作的目的不仅仅在于报酬，提供超出报酬的服务，乐意为工作作出一些贡献，往往你的收获会让你意想不到。

自觉——职场人不断成长获得晋升的唯一途径就是不论老板在不在都一个样，自觉工作，主动积极地做好分内工作，不要事事等人交代，从"要我做"到"我要做"，主动做一些事务，先做后说，严格要求自己，做好每一件小事。

负责——负责任，敢于承担工作赋予的职责，这是作为当下职场人必须具备的人品，是一个人走向成熟的标志之一；责任的核心在于责任心，把每一件小事都做好，懂得一诺千金，绝对不找借口，责任到我为止，主动积极地工作，认真对待工作责任。

高效——心无旁骛，专心致志，量化每一天工作，拖延是最狠毒的职业杀手；注重事务轻重缓急，100%的全力以赴做好每一项工作。

结果导向——我们在做什么工作时，都要把效率与结果作为首要考虑条件，开始就要想怎样把事情做成，办法总比问题多，创造条件去完成任务，第一次就把事情做对，把任务完成得达到预期结果。

沟通——职场上必须具备良好的沟通表达能力，这是保障下达工作指令执行力和配合协作的关键。遇到事情时学会与人沟通，可以得到更多伙伴的支持与帮助，也会让自己积累更多的人脉。

合作——当今职场是一个相互合作、优势互补共进的时代，也是组建团队的前提。个人融入团队，服从组织安排，遵守纪律才能保证职场战斗力和团队目标达成；不当团队的"短板"，多为别人考虑，让能力在团队中施展，打造自身职场魅力。

积极进取——永远跟上企业的步伐，跟上老板的思想，以空杯心态去学习、去汲取职场精华，用好时间快速充电，发展自己的"比较优势"，不断提升自己的支持战斗力。

低调——为人低调，不会变成众矢之的，锋芒毕露只会让自己变得落后，才高不自傲，克服"大才小用"的不良心理，不摆架子耍资格；谦恭、合群一定是职场人成功的条件，别把荣誉看得很重，也要学会用与时俱进的视觉眼光看待职场发展。

节约——不要因为老板有钱、单位有实力就拼命浪费办公资源，任何一位老板都不愿意看到有人在浪费公司的资源，别把老板的钱不当钱，要诚信不耍小聪明，不浪费每一张纸，不浪费每一分钟；花公司每一分钱，都要花得有价值：为企业尽可能减少浪费出分力，你会成为老板眼中的委托人。

感恩——不论你现在身居何位、处在什么职业发展阶段，一定不要忘记感谢周围的人，感恩之心会使我们学会珍惜和爱，想想是谁成就了你的现在？公司给了你工作，工作给你学习和成长的机会，同事给予你帮助和支持，客户帮助你获得业绩，对手让你知道只有努力才有明天，批评者让你办事学会锦上添花，因此不论友人还是竞争对手都值得我们去感恩。

各位职场小伙伴，当明白了以上为人做事基础的12条职场人品表现后，我们需要的不单是大家明白其中的道理，更重要的是一定要实践，任何智慧和经验都是在实践检验的基础上才能真正看到其中的价值，有认知、有践行，才能梦想成真。

4. 一定要让上司器重你的解决力

某单位最近新来了一个实习生，做主管小杨的助理，每天上午10点上班，晚上10点才能下班，看上去很辛苦。上班时间，她每隔一会儿就会跑过去问小杨："领导，客户说这样不行，要那样，我怎么跟他说呀？""领导，有个网友说我们的产品没有效果，我要怎么回复？""领导，财务说那张报销单不标准，我该怎么办？"原本杨主管还指望她能分担点工作呢，结果不够麻烦的，上班时间屡屡被她各种各样的问题打断，有点儿不耐烦，但碍于她是副总的一位亲戚，是副总亲自安排过来并叮嘱他好好带带这个小朋友，所以他不能发脾气，再说了表面上看来勤学好问并没有错呀。但这位实习生的工作能力实在是太糟糕了。这是个问题，一定要想法子解决一下。

某天下午，小杨找这位实习生好好谈了一次话，细细地梳理了一遍目前她身上存在的问题。

首先，他问了这位实习生一个重要的问题：你来实习究竟是为什么呢？

小姑娘不假思索地给出了标准答案：我是来锻炼自己的能力的。

接着小杨又问她："你知道职场中最重要的能力是什么吗？"

小姑娘愣住了，脑海里快速地过滤着她所能想起来的各种力：沟通力、理解力、判断力、谈判力等等。可是还真拿不准什么力最重要。

见此状，小杨告诉她说：员工最重要的能力是解决问题的能力。学校和家长安排你们实习的目的就是让你们逐步具备在复杂局面下解决问题的能力，而不是做苦力、做小秘书、做小跟班的能力，或者提出问题并且把问题丢给别人的能力。如果遇到问题，你首先要想到的是依靠自己去解决，而不是不假思索地来问我，你可以试着想出三个解决方案再去找领导商量，也许你的想法都不成熟，但长此以往，总有一天你会总结出其中的经验和规律。

其次，小杨告诉她，职场是一个凡事要结果不要过程的地方。遇到问题，一定要有这样的想法——这是领导交给我的任务，无论如何都要给他一个结果。下次再遇到问题，你"怎么做都行，只要做完就行，我就要结果。"

最后我要告诉你的是，职场上的升职加薪永远靠的是你解决问题的能力，而不是熬夜加班次数的多少。其实你要明白一个道理，公司付给每个员工薪水，都是因为其解决问题的能力，而不是看谁加班加得狠，谁半夜不回家。

跟实习生谈完之后，小杨很快就从她身上看到了变化。那天安排她帮忙订一束花，她很快搞定，还协调了快递时间，并且在送达后进行了确认——再不是那个做一步问一步的小孩了。

三个月的实习期很快过去了，实习生已经快速成长为一名优秀的助理，小杨主动给老板申请留下这个不可多得的人才，领导答应了他的请求。不仅如此，小杨也因为出色的解决力被提升为部门经理。

因为对解决力的重视，小杨一箭双雕，不仅救赎了实习生，也抬高了自己。

从古到今，职场浮沉，历来都是解决力说了算。很多企业老总都这样说：三流员工无视问题，二流员工上报问题，只有解决问题的才是一流员工！我们心甘情愿被这种一流员工控制。

一个总经理带着他年轻的助理陆涛和客户谈生意，陆涛优秀的表现让客户印象深刻，由于私交甚好，客户于是对总经理说：陆涛是个好助理，不过，以他的能力绝对不止仅仅做一个助理。

经客户这么提点，老总开始盘点起这位助理的"功能"来：他可以帮我分析形势，提可行性建议，而这些分析和建议往往都是对的，我可以据此做重要、正确的决策。不仅如此，他的执行力也很强，很多实施起来困难重重的决策，他都给我化解了。所以，他既是我决策时的智囊团，又是执行过程中的左右臂，这样的人才完全可以替代我。

可是在这之前，他一直没觉得陆涛有这么多的突出之处。现在，他意识到了，于是告诉他的客户：你对我助理的评价很中肯。他的很多能力不仅不在我之下，甚至超过我，他解决问题的能力让我自叹不如，他应该胜任更高的职位。

这件事情过后没多久，总经理把位子让给陆涛，他另外又成立了一家文化公司，进军文化产业了。

可见，在当今这个竞争激烈、变幻莫测的职场环境中，解决力是在竞争中胜出的利器，是反向管理的神器。如果你没有解决问题的能力，整天像个没有生命的按钮一样，只做老板吩咐的事情，只为了让老板挑不出毛病，这样的你是无法生存下去的。单位真正需要的，是能够迅速把问题解决掉的员工。这样的员工，才会迅速成长，成为单位的顶梁柱。而这，就是你要奋斗的目标。

至于解决力的提升办法，只要你抱着咬定青山不放松的态度，致力于解决问题，没有解决不了的难题。

5. "时运不济"，是你缺乏让领导看到你的能力

混迹职场肯定会存在一些"时运不济"的人，他们往往工作得比别人努力，得到的却并不多，甚至有时候，明明事情是他做的，功劳却算到了别人头上。当我们抱怨老板不公平时，或许并没有意识到，职场成功与否是由三个要素组成的，即专业表现、个人形象、能见度。其中能见度所占比重为60%。从某种意义上说，职场考验的不是你是否做得好，而是是否恰到好处地亮出自己，清晰地进入领导的视野范围。

下面我们通过对比苏珊和玛丽的职场表现进行分析。

苏珊对自己的要求是做好事情再说话，因此她每天总是在办公室埋头苦干，既不会出现在茶水间的闲谈中，也不会出现在上司的午餐桌前。开会时，她几乎从不发言，因为担心自己的见解不够优秀。"不鸣则已，一鸣惊人"的想法，使她总是没有机会开口。苏珊觉得自己像高贵的画眉，而坐在对面的玛丽则像聒噪的喜鹊。

玛丽总是喜欢在午餐时凑到主管的桌前，告诉他自己读了一本什么书，或者刚刚学过的管理学课程，而她所说的那些，苏珊在几年前就已经

很熟悉。她还特别勇于在部门会议上发言，有时候甚至将苏珊私下跟她探讨的那些不甚成熟的想法拿到会议上去讲。

苏珊暗暗嘲笑玛丽的虚荣和无知无畏。意想不到的是，"喜鹊"小姐很快升职，而"画眉"小姐还兀自清高着。苏珊实在看不出玛丽究竟有何过人的能力，可是主管却很欣赏她，认为她积极向上、富有魄力、敢说敢做，具备可贵的领导才能。

许多自认为优秀的员工，往往和苏珊那样，脱不了"清高"的窠臼，以为只要是金子总有一天会发光，却不知道在这个"发光要趁早"的年代里，如果你不跳出来，是没有多少人有耐心去发掘你的。由于现在大家多用网络求职，老板们一看到求职者在网络上的自我介绍写得很简短，甚至像是从别人的资料上拷贝下来的，就先删掉了这个求职者。而这些被删掉的人，可能也不知道自己为何连面试机会都没有。

想当年，台湾著名作词人方文山先生也是因为懂得提升自我的"能见度"才有了今天的。那时的他没有抢眼的学历，为了让唱片公司用他的歌词，方文山并不是一首首地寄给唱片公司自我推荐，而是整理了一本歌词大全，再将这本书寄给每家唱片公司。最后，吴宗宪看到了这本书，打了一通电话给他，这才有了后来的方文山。

因此，无论找工作还是求进步，光觉得自己很有能力、很有才华是不够的，你还要具备让领导看得见你的能力，也就是要保证自己有一定的"能见度"。例如想进电视圈者，得先认识制作人，所以请去制作人会出没的地方毛遂自荐；想当作家，请不断将自己的作品投稿到出版社，并常联系出版社，让对方对你有印象，才能在众多稿件中脱颖而出。只有让别人看到你的能力，你才有机会接受镁光灯的照耀。

提升职场"能见度"，简单地说，就是让那些在工作上有权力把你往目标推进的人能看得到你。从工作情商的角度而言，经营职场能见度，不但不是爱出风头的负面表现，反而是职场情商高手负责任的标准动作。让老板时不时收悉你的工作价值，是对雇主有所交代的专业行为。另外，此做法也能让老板觉得你是令人信赖的"自己人"，而提供"你办事我放心"的情绪服务，正是你在企业中的情绪价值。

怎么做，才能提升职场"能见度"呢？

（1）定期汇报工作

经常性地向老板汇报工作，既可展现你的努力和能力，还能及时求得他的指教，不断修正方向，减少失误。所以，定期做工作报表，抄送重要的工作邮件等，都会是好的做法。

（2）会议中积极"开腔"

若你的开会哲学是"人到心不到，心到口不到"，呵呵，那就错失了绝佳的自我营销机会！领导召集开会，当然期望借用员工脑力，所以建议你千万别故作谦逊低调。我曾经的一位同事，以"发言达人"著称。大到国际学术会议，小到部门磋商，只要他到场，就一定举手发言。他的逻辑是，既然受邀开会，就一定要有所贡献。后来发现，行业内的人对他深刻而良好的印象，多来自会议中他的高质量发言。

（3）私人场合无痕邀功

除了在公开及正式场合，和领导的每一次私下"偶遇"，例如电梯里的照面、茶水间的闲聊、餐厅排队时间，都是你"曝光"的大好机会。这时候，聪明的你千万别做鸵鸟假装没看见领导，或是紧张兮兮地说些言不及义的话。

你可以随口说起："我上周末参加一个聚会，碰到XX公司的老总，跟他介绍了我们的业务，对方很有兴趣，这周二我打算去登门拜访，详谈合作。"这样，领导收到的信息是，即使在他看不到的地方，你也在利用一切机会为公司争取资源，怎能不对你心生好感？

（4）搭便车，找个公关代言人

如果你实在脸皮薄，开不了口"表扬"自己，或不习惯与人做面对面的人际沟通，还有一招给你备用：找一个赏识你的同事做个人形象代言。借他之口，来为你间接公关。例如在出席会议时，他可以为你打头阵："这个项目小张贡献不小，我建议不妨听听他的看法。"或在私下场合隔三差五地提及你的"丰功伟绩"，这样的侧面表扬显得更加客观有力。

近几年产业更新速度加快，导致裁员风劲，聪明的你若想远离黑名单，就该赶快丢弃"埋头苦干"的过时态度，学习"抬头苦干"的聪明诀窍，做高能见度的职场情商高手吧。

6. 想霸气，就要做个不可替代的核心员工

地球离了谁都照样转，谁离了谁都照样活，三个腿的蛤蟆不好找，两条腿的人好找得很。类似这样的话，我们都曾说过。

是的，谁离了谁都可以活，但活得滋味和品味大不同。

小张曾经在A饭店吃过一道烤鱼，百吃不厌。有一次去吃的时候这道菜味道变了，打听了才知道先前做这道菜的厨师离职了。从那以后他再也不去那家饭店了。很多顾客都和他一样。那家饭店很快就黄了。

类似这样的情形，每个吃货都经历过吧。这不能不让人联想到：在职场上，想牛掰想霸气就要有霸气的资本，否则，一个没本事的跑龙套的你霸气给谁看啊？

下面，我们就举个和厨师有关的案例。

大刚是北京一家五星级酒店后厨的一个小厨师。他是一个小角色，人长得不是很帅，看上去憨憨的，没有什么家庭背景，为人和气，谁对他说什么他都会乐呵呵地听着。他没有什么特别的长处，做的菜也只能在小场

合派上用场，至于大场合的一些大菜，他便无法胜任了，因此他在厨房也就是给其他厨师打打下手。但是，他会做一道非常特别的甜点，那就是拔丝红薯，一般的厨师做出来的红薯一旦凉了，就会黏在一起，而且吃起来硬硬的，口感很不好，而大刚做的拔丝红薯，即使在凉了以后，也十分的松软，糖浆还是黏黏的，依然能拔出长长的丝。

有一天，当地的一个十分有名的企业董事长带着他的夫人到酒店吃饭，董事长夫人喜欢吃甜点，于是点了拔丝红薯，她品尝后，特别喜欢，并且点名要见做这道菜的厨师，也就是大刚。大刚是一个不被人重视的小人物，受到了董事长夫人的赞扬，感觉到受宠若惊。在这之后，董事长夫人常常特意来吃大刚做的拔丝红薯，而且介绍给很多爱吃甜点的朋友。一时间，大刚的拔丝红薯竟然成了酒店的一道招牌菜。一提起这家酒店，人们就想到了这道菜。

酒店里年年都会裁员，尤其是近几年的酒店行业不景气，裁员的规模更是比往常要大得多。然而，憨憨的大刚，面对风波却十分平静。很多手艺好的师傅都不得不离开了，大刚却安安稳稳地待在酒店里工作。很多人不明白为什么，跑去问酒店的总裁，总裁说："大刚是不可替代的，没有人能做那么好的拔丝红薯，这是酒店的一大亮点，裁谁都不能裁掉大刚。"

这个故事告诉我们，如果想得到重视，就应该做一个不可替代的人。领导需要的不是一个可有可无的跑龙套角色，而是那些发挥主要作用的主角儿们。在领导眼里，一个不可替代的人的价值比一群可有可无的人加起来都要大得多。你的资源别人倘若没有，那么，这就会成为你在职场得以生存的资本。大刚只是掌握了一道菜的独特做法，便成了一个不可替代的人，就能使自己立于不败之地。可见，做一个不可替代的人，对于一个职场人士是多么重要啊。

懂得了这个道理之后，就应该马上行动起来，朝这个方向努力。现在检查一下自己：客户是不是都是冲着和你的关系才和单位签单的？在办公室的地位怎么样？领导对你如何？会不会交给你重要的任务？你说的话在领导面前有没有分量？……如果答案都是否定的，那么你就需要努力。

首先需要明白，不要忽视志向的作用。职场如战场，只有两种人，或者是不可或缺的男一号和女一号，或者是谁都能演的跑龙套角色。在办公室会有一些有志气，力争用正当手段往上爬的人，也会有整天庸庸懒懒的小职员。然而，谁都是从新人发展成老员工的，几年的时间就拉开了人与人之间的差距，这不得不引起我们的重视。不说能力背景如何，首要的就是志向。如果你有野心，有抱负，有志向，那么你就会朝着那个方向走，总会开辟出一个新天地，成为一个不可替代的主角。如果你的想法是混日子，时时刻刻想偷懒，那么，你终究会被有野心的人替代，或者是做了别人的垫脚石。

有了志向，就要有所行动。不能将志向停留在只是想一想的阶段。那么，如何成为一个不可替代的人呢？首要的一点就是一定要掌握一门专业，不要指望自己能像孙悟空一样有七十二般变化，在职场上那是不现实的。领导是需要综合素质高的人才，但是，前提是总要在其中的一个方面无人能敌，这才是可以让领导重视你的理由，在职场上很忌讳那种"一瓶子不满，半瓶子晃荡"的人。因为这样的人所做的事情，谁都可以做，他们可以做一件事，但是却无法做到专业。因此，体现不了自己的价值。在领导眼里自然不是不可替代的人。那么，是不是只要掌握一门专业就可以了呢？很多人都认为，自己只要有一个精通的领域，就可以永远从容地在职场上生存得很好了。其实不然，现代社会，瞬息万变，知识和技能的更新速度之快是无法想象的。就算是掌握了一门专业，很可能几年的时间，就使热门变成冷门，你就会由以前的香饽饽变成廉价的咖啡，被老板晾在一旁不再问津了。为了防止这种情况，就一定要做出努力，时不时要为自己充电，学习新的知识，并且了解你所从事的行业的一些最新的消息，根据这些信息来确定应该学习的内容，并且及时做补充。此外，很多因素都可以辅助你成为一个不可替代的人，比如电脑能力、英语水平。信息的力

量是十分强大的，作为一个有志成为主角的人，应该提升自己在这些方面
的能力。

如果你不满足于现状，如果你依然是角落里无人重视的小角色，同事
对你不够尊敬，领导对你不言听计从，那么，不要站在那里抱怨命运的不
公平了，从现在开始，努力做一个不可替代的人吧。

7. 精神状态很重要，不要做办公室"怨妇"

抱怨、牢骚，在职场上是司空见惯的。是啊，职场上的不如意太多
了，这让我们不由得发出几声牢骚，来发泄一下心中的愤懑：清晨迷迷糊
糊的就得挣扎着起床；睡眠不足，两眼发黑，努力打起精神却无济于事；
公交车拥挤不堪，路上堵车，迟到还要罚款；客户太拽，又得罪不起，还
得将其奉为上帝……像这样的情况谁都会遇到，它们让身在职场的人们焦
躁不安，甚至抓狂，忍不住要抱怨。

一般情况下，抱怨是一种正常的情绪，随着抱怨声的消散，人们的心
理状态达到一种平衡的状态，也只有这样才能重新全身心地投入到工作当
中。所以从某种程度上说，抱怨是不可避免而且十分必要的解压方式。

然而，凡事都有个度，请你一定不要过度抱怨。

无论在情场还是职场，过度抱怨都是万恶之源，它可以磨灭你的斗
志，断绝你的人脉，销毁你的能力，让你变成一个千人恶心万人烦的"臭
虫"。一个连自我情绪都管理不好的人，甭指望能很好地向上管理。

刘洋最近找了一份新工作，在一家外企做白领，福利待遇都不错，朋
友们都很羡慕她。刘洋心情很好，逢人就乐呵呵的，周围的人都很乐意和

刘洋交往，感觉她挺可爱的。刘洋的上级觉得她乐观的心态难能可贵，而且工作能力也相当不错，很想培养她进管理层。然而好景不长，像大多数外资企业一样，刘洋所在的公司业务繁忙，刘洋在熟悉了工作环境之后就投入到紧张的工作中了。她渐渐感觉到压力很大，休息时间少得可怜，每天都身心俱疲。她常常找周围的同事大倒苦水，脸上的笑容也越来越少。一开始，刘洋只是抱怨加班时间太长，搞得她连吃饭的时间都没有，到后来，刘洋的牢骚越来越多了，她抱怨公司的管理不人性化，工资计算不合理，晋升机会太少……同事渐渐觉得，只要刘洋一开口就没有好话，本来心情挺不错的，一见到刘洋，一听她说话，立刻感觉很压抑。很多同事都开始躲着刘洋，昔日的好姐妹也和她越来越远了。以前，当刘洋工作不如意的时候，平时关系不错的几个同事都会跑来帮忙，问题很快就可以解决，可是现在，愿意帮助她的同事越来越少了。有时候刘洋的工作进展不下去，就会向他人抱怨，并寻求帮助，可是她刚一张嘴，就被同事拒绝了。于是，她抱怨周围的人没有人情味。刘洋的上司本来将她当做重点培养对象，但是渐渐发现她整日像个怨妇一样将整个办公室的气氛弄得死气沉沉，心中不禁对她生出了些反感。原本在年终的时候，公司有一个带薪到国外进修的名额，上司很想让刘洋去，最后，掂量再三，改变决定将名额指派给了另一个人。

刘洋原本是一个积极乐观的人，深得领导的赏识。但是变成"怨妇"以后，不光失去了同事的关心，而且还引起领导的反感，失去了宝贵的进修机会。可见，过度的抱怨给她的工作带来了很大的负面影响。其实不难理解，谁都喜欢和快乐的人在一起，领导喜欢心态积极乐观的人，喜欢毫无怨言低头将自己的活干好的员工；同事们喜欢有趣、开朗、幽默而又干练的人，和这样的人一起工作，就算是有困难也很容易克服。相反的，满腹怨言的人让人感觉到压抑，时时刻刻散发着一种消极的磁场。通常情况下，人们都会忍不住避开这样的"怨妇"。因此，职场中，"怨妇"特别不招人待见。其实那些事业上取得成功的人，往往不是由于运气好，反而只是一些在平凡岗位上辛勤劳动的普通员工，他们之所以能成功就是因为有一点是与众不同的，那就是他们很少抱怨公司，很少抱怨生活，就算有牢骚也会掌握好分寸。

那么，我们应该怎样把握分寸呢？

首先，我们要注意发牢骚的方式，不要对别人大发雷霆或是用自己的消极情绪影响其他人。可以用赞美或友好的语言作为牢骚的开端；不要逢人就抱怨，抱怨是要分对象的。只有向那些可以解决问题的人抱怨才是明智的，如果对方和你所抱怨的事情毫无关系，那么这样的牢骚只停留在发泄情绪的阶段，选不好对象，很容易遭人厌烦。

其次，抱怨也要看场合，最好不要在正式场合大发牢骚。如果非要采取这样的方式发泄情绪，那么就应该私下里和上司或同事交谈，这样就给自己留下了回旋的余地。

再次，抱怨也要看时机，不要不分时候的发牢骚。如果同事正在为了生活琐事而烦恼，上司正在为搞定一个难缠的客户而大伤脑筋的话，你的抱怨会使他们更加烦躁，就算你说的都是对的，也无法获得安慰。

其实，防止自己成为"怨妇"的最根本方法就是根本不去抱怨什么，这一点确实很难做到，对此，我们可以采取一些方法来减少抱怨。转移注意力就是一个很好的方式，当工作和生活中有不顺心的时候，我们可以暂时给自己放个假，做一做深呼吸，将自己投身到大自然中去，及时将自己从抱怨中解救出来。

如果你想成功，那么就别抱怨了，抱怨不会解决你的任何问题，只会把你变成一个遭人讨厌的人。

第三章

"向上管理"，
从爱上你的上司开始

爱上你的上司，这是混职场的基本点。"上司虐我千万遍，我爱上司如初恋。"对的，就是要这样，爱他才能成功反向管理他。神奇的"吸引力法则"同样适用于你和上司之间。他能力平平也好，一意孤行也好，唠唠叨叨也好，两面三刀也好，无论他多么糟糕，在贵公司，在你上司那个位置上，只有他一个，可是像你这样的下属却有无数个。他是不可替代的，你要适应他，爱上他，才能和平共处。

1. 上司之所以成为上司，必有其过人之处

在职场上，有一个非常不好的普遍的现象，人们对自己的上司都恨得咬牙切齿，像阶级敌人一样，私底下骂起来，像秋风扫落叶一样无情。在下属眼中，上司大都是这样一群人：

他们，就知道挑刺，骂人，总是抓住一些问题不放；

他们，就知道给我们下任务，施加压力；

他们，总是婆婆妈妈的，对一些小事儿没完没了地说个不停；

他们，总是摆出一张难看的脸，好像人们都欠他们的；

他们，就知道瞎指挥，感觉还没自己有能耐！

……

整天恨上司恨得牙痒痒的那拨人，没有一个是好命，他们一辈子都在重复这样的打工路线：打一枪换一个地方，换一个地方境遇还是照样。

各位亲，只有爱上你的上司，才有可能转运！

爱上上司也很简单，无论在你眼里他有多混蛋多无能，在某些你忽视或看不见的地方，他必有高明和过人之处。不是有句话吗，不是缺少美，而是缺少发现美的眼睛。同理，不是上司没有优点，是你没有发现，没有注意。

一个人去买鹦鹉，看到一只鹦鹉前标道：此鹦鹉会两门语言，售价二百元。另一只鹦鹉前则标道：此鹦鹉会四门语言，售价四百元。该买哪只呢？两只都毛色光鲜，非常灵活可爱。这人转啊转，拿不定主意。结果，他突然发现一只老掉了牙的鹦鹉，毛色暗淡散乱，标价八百元。

这人赶紧将店主叫来问："这只鹦鹉是不是会说八门语言？"店主说："不会。"这人奇怪了："那为什么又老又丑，又没有能力，会值这个数呢？"店主回答："因为另外两只鹦鹉叫这只鹦鹉领导。"

这个寓言故事告诉我们，的确，没有哪位上司在下属眼中是完美的，但是，上司之所以成为上司，肯定有他的过人之处，而这些恰恰是下属们所不及的。

或许他销售经验丰富、业绩突出；或者他性格特点、能力潜质被老板认可；或许他为人处世颇受欢迎；或许他思路清晰，方法新颖而得当；等等。总之他们都会有下属所不具备的经历、技能或优势。

上司是一座宝藏：行事清晰且思路完整，处事技巧熟练、方法得当，能熟练且轻松地应对各种问题和风险，处理各种人际关系游刃有余，集成多种成功元素，等等。甚至可以说，上司这座宝藏还是露天的，不需要去费心费力去寻找、挖掘，这些经验、技巧就像露天煤矿一样摆在我们面前，唾手可得。

上司还像一面镜子，下属们可以通过比照，知道自己哪些做得好，哪些做得不好；可以矫正自己的思路、方法、心态和技巧。其实，每个人的成长，都需要一面镜子、一把尺子，而这镜子、活尺子就在我们身边，它就是我们的上司。

人们大都希望自己能够在职场上有所成就。我们认为，促使自己更快速成长的最简单、最好的做法就是：学会欣赏你的上司。看看上司的上下班时间，尽可能比上司来得早，走得晚；看看上司的加班态度，确保自己是自愿和感觉自然的；模仿上司跟客户谈判的模式与说辞，了解他们用了哪些技巧；学习上司处理工作的思路；观察上司是如何规划、设计和安排工作的；模拟上司遇到问题时，怎样利用资源解决问题……

诸如此类，下属都可以去观察，去分析，去崇拜，去模仿。

尽管我们对上司的某些做法可能不理解，不知道为什么要这样做、要那样处理，甚至认为上司的做法可能会有瑕疵，但是，欣赏并学习上司身上的优点能够确保我们最快学习到上司的技巧和做法，促使自己更快速成长。

赵先生能得到朝阳公司的面试机会，一是因为简历中明确展示了自己应聘程序员的长处，二是魏总想通过赵先生具体了解一下他的研发总监齐瑞的情况，赵先生之前实习时是齐瑞的部下。

朝阳是家大型IT企业，而研发总监齐瑞更是业内出了名的"疯子"，以两件事闻名于"江湖"：喜欢在全体员工大会上当面挖苦他认为不称职的下属——数次导致项目组集体出走；把开发例会开至凌晨4点，转天全体继续9点上班——被称为没人性。

魏总问赵先生："你之前在我们公司实习过，如果请你给公司提个建议，你觉得哪方面最需要改进？"其实，魏总是想听听前员工是如何评价齐瑞的。赵先生说："我实习的公司是我接触的第一家公司，当时我的实习老师齐瑞总监作为有多年开发经验的技术管理者，技术实力是非常强的。在那里，我学到了很多东西，明白了社会和学校有哪些区别。短短三个月，我提高和进步还是很多的。"听到这里，魏总干脆直接问出了他想了解的："关于齐瑞总监业内有很多负面的传闻，比如开会开到天亮，第二天还要准时上班，开会大骂技术人员，这都是真的吗？"

赵先生微笑着说："这是真的。但是我认为每个人都有自己处事的方式和原则，齐总监的方式可能比较简单强硬，但他的出发总是好的，他的核心目的还是希望员工能进步或者跟上队伍。'好事不出门，坏事传千里'，业内消息更多传闻齐总监是如何变态的，但很少提到他是怎么亲自指导开发，细心引导技术人员解决问题，让他们更快成长的。在这点上，我觉得齐总监其实是一位非常负责的领导，而且我从他身上学到了很多东西。很多和他共事过的朋友事后都这么说，而且在业界我们的研发部门被称作研发行业的'黄埔军校'，所以，我觉得齐总监很伟大。"

听了赵先生的评价，魏总不仅对小赵放心了，也对齐瑞放心了，他把小赵安排到齐瑞部门做他的助理。现在，他们成了行业的黄金搭档。

是的，齐瑞总监很严格，很没人性，很变态，"恶贯满盈"，但是一个不容忽视的事实是，他确实很敬业，他确实很牛掰，他是研发行业的大佬，而且至今，他几乎成了一个品牌，一个王者，但凡是跟他共事过被他骂过折磨过的人，都成了技术精英，单位的骨干，都拿到了高薪。难道，他们不应该感谢这个折磨他们的人吗？

现在，请开始你的发现之旅，抛弃心中那些对上司负面的评价，努力地发现他的优点和长处。至于方法，不需要教，你放下偏见自然就会找到。

2. 赞美和恭维，要由衷地、发自内心地

赞美领导也是向上管理的必要条件。关于要不要拍领导马屁，管理学大师彼得·德鲁克两次撰文《如何管理老板》(How to Manage the Boss)，他建议道：由衷地赞美老板。看来，德鲁克也鼓励我们拍马屁，不过，他强调了"由衷"，即赞美领导要发自内心、情真意切，这非常重要，否则，稍微有点儿头脑的领导都会觉得你假情假意、肉麻兮兮。从心理学的角度看，领导们也是人，有时对自己没有绝对的把握，所以需要定期的鼓励、表扬、肯定。这些都会让他成为一个自信且有能力的领导。领导高兴自信了，你反向管理的机会便也多了。

陈洁是一家电子企业的总经理秘书，她工作认真、负责，人也聪明、机灵，很受顶头上司孙经理的喜欢。孙经理是一个事业心极强的大龄剩

女，由于整天忙着事业，生活中几乎没什么可交心的朋友，整天一脸严肃，其他员工都说孙经理很难说话，很难沟通，可陈洁不觉得是这样，反而觉得她很好接近，像大姐姐一样亲切。

这天，快要下班的时候，陈洁接到孙经理打来的电话："小陈，下班后陪我逛一下商场。"陈洁当然听得出电话里领导的语调虽然平和，但还是夹带了一些命令的。作为秘书，她自然不能推脱，就爽快地答应了。

下班后，陈洁走出办公室迎面正碰上领导孙经理。孙经理今天穿了一件短款绵羊皮獭兔毛领外套，下配紫底碎花百褶裙，手挽白色精致的小皮包，脚穿一双精致小皮靴。陈洁把眼睛睁得又大又圆，真心实意地夸赞道："领导，您今天真漂亮，太惊艳了，您可真会搭配。"

孙经理一听马上喜形于色："哪儿啊，都是以前买的，没怎么穿过，你觉得这样穿行吗？"

陈洁兴奋地说："必须滴，您简直是太行了，干嘛不早穿呀，到现在才让我一饱眼福。您真是太有眼光了，以前买的衣服，到现在还这么流行，而且搭配得这么完美。您真是个穿衣达人哦。"孙经理听得心花怒放。

陈洁接着说："我就不怎么会搭配衣服，买的衣服也乱七八糟，您教我几招呗？"

孙经理一听，精神为之一振，开始大讲自己的穿衣经来。陈洁不停地做出谦虚的姿态，回应着。两个人高高兴兴地来到了商场，一逛就逛到九点半，商场都快打烊了。因为一晚上都非常开心，孙经理体贴地对陈洁说：不好意思，今天太晚了，你明天上午不用来上班了，今晚算你加班吧。

陈洁心里也乐开了花，这趟陪逛不仅学到了穿衣经，消磨了时光，还得到了半天的假，真是赚死了。而这些恩惠，与其说是领导赏赐的，不如说是自己挣来的。

很多下属都想像陈洁这样通过赞美领导，让其喜欢和信任自己。但是，赞美也是有技巧的，如果刻意赞美，反倒让领导觉得你很虚伪，更不能信任你。这就需要运用一些赞美的策略，让赞美的语言不再生硬和刻意。一般来说，领导听到下属的赞美很多，时间长了就有耳疲的倾向。如果你的赞美仍是一般的俗路，领导肯定不受用。

如果你着实不会夸赞领导，下面这些要诀是你必须尽快掌握的。

夸赞领导的工作业绩

领导的工作业绩是有目共睹的。在不经意间当着领导的面提过往的业绩，领导肯定会飘然在曾经的成绩之中。这样的赞美不带有半点刻意的味道，所以备受领导喜欢，对你这个时刻仰慕他的人，会多一份关注，多一份喜爱。

用他人的夸赞表达你的敬意

在职场中，作为领导免不了要受到他人的赞美。这时，巧借他人的夸赞来表达对领导的敬意，也是一种不刻意的恭维。

众人称赞总比你单独一个人的赞美来得更有力量。比如，在称赞领导的业绩时，你不妨说："领导的管理能力是有目共睹的，我们所有人都很敬佩您，""大家都说领导对这事的处理非常得当，我们不由得佩服您"等。也许你会担心这样做会让其他人夺去你的光彩，实则不然，智慧的领导对你这个"二传手"会更为感激。

用羡慕表达赞美

赞美的另一种方式是羡慕，既显得不生硬，又能达到赞美的意思。比如，领导家房子很大，你可以说："真羡慕您，住这么大的房子！看着就敞亮！"领导的手机是今年的新款，你可以说："您手机款式真时尚，我也想拥有一部。"

使用羡慕表达赞美，不但显得不刻意，而且让领导很受用。

用事实说话，加上恰当的措词

在职场中，当你要赞美领导时，首先要掂量一下，这种赞美，领导听了是否相信，其他同事听了是否不以为然，一旦出现异议，你有没有足够的理由证明自己的赞美是有根据的。

比如，其他部门的领导做出了很多业绩，但你偏偏将其安在你的领导身上，进而对领导大加吹捧，这种行为，领导肯定不受用，而且还会遭到其他同事的鄙视。

3. 爱领导和爱父母一样，要有"婉容"

《论语》里有个小故事，有一天，孔子的学生子夏问孔子什么是孝。孔子回答得很简单，只说了两个字——"色难"。就是说，给父母一个好脸色是最基本的孝道，也是最难做到的。

孝敬父母，对父母和颜悦色，让父母感到愉悦。就像《礼记·祭义》上说的："孝子之有深爱必有和气，有和气必有愉色，有愉色必有婉容。"给父母一个好脸色都做不到，其他所谓"孝行"，又有多少是发自内心的呢？

孔子在子游问孝时，说："今天，许多人认为孝顺就是能赡养父母，如果不尊敬父母，那么，赡养父母与饲养狗马有什么不同呢？"

一个人孝与不孝，通过他与父母相处过程中的一言一行，就能看出来。那些老是跟父母发脾气，没有"婉容"的人，可能没注意，一个坏脸色就将所谓的孝心打折了。

诚如给父母好脸色是最基本的孝道，给领导好脸色是最基本的上下级相处之道，也是最难做到的容道。职场上，多数下属对领导，要么就是假模假式皮笑肉不笑，要不就是拉着一张比"上坟"都沉重的脸，很少有人做到"婉容"。你以一张倒霉相面对领导，领导自然也不会和颜悦色地对待你。以下是小张的自述，我们看看她是怎样做到对领导婉容的。

前段时间，我们办公室的气氛很是紧张，每个人都在抱怨，抱怨领导态度不好，每天"提审"大家，挨个训话，他们都在说"想死的心都有了"。可是我却并不觉得啊，领导对我态度一直很好啊。

是不是我每件事都做得很好？从实招来，不是。我也有偷懒的时候，也有拖延和完不成任务的时候。但领导对我态度很好啊。就比如那天，我实在受不了办公室里压抑的气氛，申请在家办公，我说在家办公一天可以完成一个方案，第二天上班和领导讨论。领导欣然答应了我的请求。

可是做方案的时候心情不好，没有灵感，我就去圆明园划船去了。没想到这一玩就玩大了，太阳落山才回家，方案自然也就没有完成。原本指着晚上加班呢，结果又赶上生理期出奇地困倦，坐着都睡着了。

第二天一早到单位，我很是心虚，但总得找一个相对说得过去的托词为自己争取点时间啊。请看我是怎么说怎么做的。

我们9点上班，那天早晨办公室的内勤张姐是被第一个"提审"的，二十分钟过后，张姐气哼哼地从领导办公室里出来了，一边抱怨着领导变态一边好心建议我："叫你呢，你可小心点！"

明知山有虎偏向虎山行，领导召见，岂有不见之理？但要见尽量愉悦点。尽管我心里虚虚的，但还是面带笑容，显得朝气蓬勃、滴笑容可掬滴。

领导是个爱美的女人，我一进门，她就问我她今天这身色彩搭配如何。对这个，咱还是有点研究的，于是我非常真诚地点评了她的穿衣成功之处，这奠定了很好的交流氛围。

马上，领导就言归正传："方案弄得怎样了？"

我一脸真诚地看着她解释道："非常抱歉，我让您失望了，主要是最近状态不好，死活酝酿不出灵感。昨天我出去走动了一下，也庄重了一下自己的心灵，因为找到状态才能写出生动的方案。不过还好，大体的框架我已经弄好了，今天再完善一下就OK了，您放心，我下班前一定交给您。好吗？"

领导并没有太不高兴，只是象征性地说了我两句下次要注意，然后还表扬了我："你看，你这样就比较好，老话不是说了吗，抬手不打笑脸人，你没有完成工作，但态度是真诚的，不像他们，没有完成安排的工作还不许我说，一说就不高兴，拉着一张脸。"

我很快就被领导"放"出来了。回到办公室，大家都做好了安慰的准备，看我一脸开心的样子，他们就知道完全没必要。

后来大家都向我取经，如何唬住领导这只老虎的。我说就是态度好点呗。他们都不相信，对我各种猜测。真不知为何大家都喜欢将简单的事情复杂化，"将心比心"，"抬手不打笑脸人"，类似于这样的人际关系常识怎么就没人重视呢？！你的态度好了，相应的领导的态度也好了。你的心简单了，你的职场就简单了。不就是这么简单嘛。

其实领导也挺不容易的，就像早先听过的那句方正的广告："老板，你负责顶住压力。我负责好好干活。"工作是会辛苦，但领导比你更辛苦，他要顾全的地方太多，承受的压力更大，有时难免心情不好，越是这样，面对他的时候，你就要尽可能地微笑着，心平气和地传递给他正能量。若是你工作出现失误惹他发火，那你更没什么可说的了。或许你不以为然的错误对于整个的管理和生产体系将是致命的一击。做错了事就要担当，这本就是天经地义，领导原谅你是情分，对你发火也是本分，你要接受这一点。态度诚恳，积极纠正就好。这种情况下，你更没理由"色难"领导了。

因此，职场上"婉容"是最基本的修行，连面对领导你都不能心平气和，谁会相信你有干大事业的能力和心胸？每临大事有静气有雅量，其实就是从面对领导保持"婉容"得来的。而且真正的愉悦，就要有实实在在的诚心，来不得半点虚假。你对领导尊重不尊重，你对工作是喜欢还是厌恶，这些都会反映在你的脸色上。即便工作有再多的不如意，面对领导和同事的时候，也要保持积极的心态和可人的微笑。

4. 把荣耀归功于你的上司

无数个事件表明:凡跟领导搞不好关系的人工作起来总是要比其他人艰难许多。聪明的员工总是善于跟上司建立良好的关系,与上司相处时懂得从各方面维护上司的权威,从不恃才傲物。他们不想成为上司和同事的"眼中钉"。为此,他们不惜把荣耀归功于上司。

晨曦在大学时就很有才气,而且自从进入职场做了杂志社的编辑后,也很有一套自己的独特的风格,因为设计内容独到,还一度夺得了公司的创新奖。一开始她还很高兴,但过了一段时间,她却失去了笑容,因为发现上司经常给自己脸色看。

原来,晨曦得了创新奖,受到了上级领导的好评,新闻部门除了颁发的奖金之外,另外还给了她一个红包,并且当众表扬了她的工作成绩,并且夸她是块主编的料。但是她并没有把奖金拿出一部分请客,而且"主编"的传闻也是沸沸扬扬,为此她的上司从此处处为难她。

这份杂志之所以能得奖,自然是晨曦贡献最大,但是她也不能独享这份荣誉,这让上司怎么想?自然觉得她目中无人,恃才自傲。其次,晨曦的才华也让上司产生不安全感,害怕失去权力,为了巩固自己的领导地位,晨曦自然就没有好日子过了。

喜好虚荣,爱听奉承,这本是人性的弱点,尤其是驾驭下属的人,又有哪个能容忍下属的功劳超过自己,抵挡住自己的光芒? 只有当我们懂得放低自己的能力,把功劳让给上司,把成绩和同事分享,才是明智的捧场,是稳妥的自保,是一种真正的职场智慧。

　　几年前，小张在一家公司任总经理助理。在他的介绍下，他的发小小王也进公司做了一名车间工人。从小小张就觉得小王的脑袋瓜子不错，可不曾想一到了职场却似乎变成了另外一个人，傻傻呆呆的，不仅不知道为自己抢功劳树形象，甚至有了功劳也喜欢让给别人。

　　有一次，小王发现一道生产程序中的瑕疵影响产品合格率。他暗中琢磨，查阅资料、书籍，结果没用两个月，竟然提出了一个更新计划并且被公司采纳，产品合格率顿时得到提升。总经理在会议上点名表扬他，并且要给予他一万元奖励。可是小王竟然拒绝了，他说："其实这个想法并不是我一个人想出来的，而是我在组长的领导下，与所有小组成员一起努力的结果，你不能奖给我一个人，要奖就奖给我们整个小组！"

　　就这样，那笔奖金成了整个小组的共享品。小张笑小王太傻了，可是他却笑笑说："与同事和睦相处，有成果共同分享，这些远比独享奖金更有意义！"

　　不久后的一天，总经理带着小张刚回到公司，就看见一辆货车从公司里面驶出去，而小王则在货车后面追。货车停下来后，小王对司机说："我们还没有检查货是不是全卸完了呢。"爬上车一看，竟然真的还有一箱货没有卸下来！

　　总经理赞赏地夸小王心细责任心强，小王却回答说："这也不是我细心或者责任心强，而是小组的成员们相互一问，觉得好像还没有检查过货车，于是就让我追出来看看。"

　　小张在心里直骂小王，总经理根本不会为了这点小事去问其他组员，这不是又白白失去一个表现自己立功劳的机会吗？更为重要的是，当天晚上下班后，他竟然得知，追出来查看货车根本就是小王自己的主意，而不是什么"组员相互间一问"的结果。

　　小张自认职场经验比小王丰富，后来的日子里，他经常"教育"他，可是小王就是不为所动，仍然我行我素，工作肯动脑筋又肯卖力，而每每有功劳的时候,他都把功劳与组长和同事们分享,甚至完全让给他们。

小张原以为,像小王这样的人是肯定不会在职场上取得什么成就的。没想到的是,当销售部经理辞职后,他问总经理要不要到人才市场招聘补缺,总经理说:"不用了,从公司里面提拔就行了,我觉得你的同学小王就是一个不错的人选——他不喜欢抢功劳,有成绩喜欢与同事们分享,像他这样的人带出来的团队,一定特别有凝聚力和竞争力!"

小张惊讶地问总经理是怎么知道这一切的。总经理说:"如果我连这点事都观察不透,还当什么总经理呢?公司里没有什么人什么事能瞒过我,只有我暂时不表态的事,却没有我观察不到的事。"

刹那间,小张猛然醒悟,原来,身在职场,好大喜功、争名夺利只能算是一种小聪明,而像小王那样踏踏实实工作,把功劳和同事们分享甚至完全让给别人,反倒是一种真正的职场智慧。居功不自傲,能够把荣誉的"鲜花"让给上司戴,这样的人才能够在职场中走得更远,也才能够获得更多更好的机会。

可以说,职场上的所有机会都是上司给的,而如何争取,就看你能否聪明地做到和上司巧妙地"拉近"关系。职场聪明人,反而是糊涂人,他们不斤斤计较,偶尔拍拍领导马屁,无伤大雅,还融洽了气氛,增加上司对自己的好感,晋升机会也多于其他同事。

5. 爱领导,就别坐得离他太远

在职场有一个非常有意思的现象,无论是每周例会,公司半年总结会、年会,亦或是单位聚餐,但凡有领导现身的场合,领导旁边的座位都是空荡荡的，大家宁肯在犄角旮旯里挤着、站着，也不坐在领导身旁。其实，职场上，你选择的座位已经暴露出你是哪一种性格、你对领导的态度，这些都预示着你以后的职场位置如何。下面我们就以发生在一家外企的真实情景进行现场对比分析。

开会时，你是如何选择座位的

这是一家在全球500强中排名靠前的著名外企。今年暑假，他们招聘了一批大学毕业生。在第一次中高层都出席的月会上，这些新进职员在选择座位上和老员工千差万别。

新员工Sophie选择了后排的座位：

Sophie是一名刚毕业的大学生，她过五关斩六将，经过层层筛选，终于进入这家外企。对于这次会议的召开，Sophie蛮高兴，正好可以趁此机会了解公司的企业文化，并熟悉下公司各部门的大致情况，"综观全局"更有助于自己日后的发展嘛。

Sophie特意早早地来到会议室，有意选择了后排的座位。她对座位的选择自有一番考虑：作为一名刚进公司不久的职员，最好保持低调，选择的座位应该避开视线焦点，何况，后排的座位便于"察言观色"。

选择结果分析：越来越多的人与Sophie的想法类似，选择靠后的座位，美其名曰"明哲保身"，实则"胸无大志"。这种位置其实很糟糕。Sophie自认为这个位置很低调、避开了视线焦点，却没想到前面的同事可能成为自己视线的障碍，从而使自己处于被动地位。老板哪有时间来发掘那些自甘隐蔽的人？别让老板觉得你是个可有可无的"隐形人"。低调并非在任何时候都是明哲保身的法则。

高调美女Jenny选择第一排靠右的座位：

Sophie扫了一眼会场，跟她一起进公司的美女Jenny坐在哪个位置呢？她居然坐在第一排靠右的位子上，那正处于老板的对角线，Sophie想，她也未免太高调了吧？此时，Jenny正在一张白纸上写着什么。是开会的发言稿吗？Sophie很好奇，后来才知道Jenny原来是在白纸上面画小人！

选择结果分析：选择这个位置的人，一般是属于谨慎中庸型的，落脚在老板的对角线，便于观察"形势"。他们一方面善于处理与上司之间的关系，一方面自身又有理想有抱负，希望在职场上更上一层楼。这个位置能清楚地听到上司的发言，便于表达自己的观点意见，还可以引起老板的注意，或许还有利于今后的晋升……不过，像Jenny这样，准备一本正规的笔记本才好。

外联部万人迷Steven选择第一排正中间座位：

不久，外联部的Steven带着一贯的英俊和优雅，风度翩翩地进来了，他选择了第一排正中间的座位。Sophie想，那里正对着老板，可是个"雷区"呀！身旁的老员工Alice搭话道："Steven几乎是我们公司所有女性的梦中情人啊！你知道吗，只要有他在，就一定很热闹很好玩！"

选择结果分析：选择第一排中间座位的往往是团队中的润滑剂。这个座位可以很好地实现与其他同事的互动，发言的时候也可以看清每个人的表情，这才是真正综观全局的位置。

副总经理Alice选择老总左手边的第二个座位：

正说着Steven，各中层负责人和副总经理都陆陆续续步入会场。进门后，副总经理径直朝总经理位左手边的第二个空位走去，据Alice说那是她的"固定座位"。显然，这里距离投影仪近，而且发言的时候，正好是第一个开始。

选择结果分析：这个座位比较受女性上司的青睐，这里既能向大家展示她的能力，又不会显得很专制，一般认为她想取得同事们的信任，并让大家把她当成自己人，进而建立一个良好的工作氛围。而这个座位，还能更好地集中精神、纵览全体，那些开会不认真、喜欢提前开溜、迟到的下属可要当心喽！

技术部的Tom选择第一排斜对着老总的座位：

——就坐，副总开始嘱咐："大家往里坐，尽量往前靠啊！"话音刚落，坐在Sophie身后的技术部的Tom便很自觉地起身往前走，在第一排斜对着总经理的位置坐了下来。看他那样子，一脸倦态，还不住地打着呵欠，对着老板坐，也不怕挨批，Sophie低声说了两个字"真傻"。

选择结果分析：美国有研究发现，坐在此处的往往是业务知识最丰富的人，他们努力工作，但一点也不骄傲自大，他们不愿引人注目，却关心实事，是不容小觑的实干家。一脸倦态、还打着呵欠，想必老板看到也会关心地问Tom是否昨晚加班到很晚，这些在Sophie看来没有礼貌的小细节，正是工作绩效的绝佳表现。

销售部的Bruce和办公室秘书Maria选择老总与副总旁边的座位：

会议就要开始了，Sophie发现，总经理和副总旁的空位一直是大家不愿靠近的"雷区"，到现在还没有人去坐。正想着，销售部的Bruce走过去，坐在了副总旁的空位上。Sophie听同事们说起过他，业绩相当好，是老板们面前的大红人。果然，刚一坐下，他就跟副总不卑不亢地交流起来。

办公室的Maria风风火火地冲进了会议室。这小姑娘平常可是很早就到的，今天一定是太忙所以迟到了。望着满满一屋子的人，只剩下总经理身旁的那个座位，Maria似乎有点傻眼，她站着没动。莫非是想干脆站在门口了？Sophie刚想着，经理忽然发话了："Maria，你过来，今天的会议特别重要，你要做好笔记！"Maria微皱着眉走了过去。

选择结果分析：老板身旁的座位似乎是不可逾越的"雷区"，即便是业绩出众、深受老板喜爱的人也很少光顾。有人说，老板身旁的座位通常是为嫡系红人准备的，时刻准备支持老板的观点。因此，有人顾忌怕别人说自己拍马屁。其实，这可能是个极好的锻炼机会，说不定趁此就让老板看到了自己闪光的一面，从此大放光芒呢！

从不同的座位展现你以后的升迁机会

还记得上学时，课堂上老师总是说："别以为你们在下面做什么我不知道！"会议上也如此，围着一张会议桌，老板也只需瞄一眼就知道底下的员工在干什么。开会时，大家往往不喜欢坐老板身边的位置，觉得拘谨，没有安全感。但其实那里才是提升自己的最佳位置。更多时候，会议上的紧张气氛和压力都是自己制造出来的，因此，去坐老板身旁的空位，没什么不好。

想要升迁的员工一定要把握在老板面前互动的机会，会议提供了一个绝好的地方。在发言的时候，最需要让老板在有限的时间专心倾听你的发言。有研究表明，每个人注意力最集中的就是开始部分的发言，因此在会议上你要争取获得首先发言权。除了个人积极主动，更多公司会议上的发言可能是按照从老板旁边的座位的顺序，此时，老板身旁的座位就为你赢得了绝好的机会。

此外，你是否有过这样的体会，当你坐在老板身旁时，一定会打起全部精神，还会奋笔疾书地做笔记。别笑那只是做做样子，其实时间久了，你就掌握了会议核心内容与工作上各部门的工作情况。就在这期间，你会发现自己有意想不到的进步。想要被赏识，就不要怕抛头露面，多在与老板互动的场合展示自己。

不要小看座位的选择。当然，刚进入公司时，别在会议上紧挨着主管或是老板旁坐下。应适当观察公司会议上的座位习惯，避免冒失的情况发生。

6. 遇到外行领导内行，你该如何爱上

以下是老李的叙述，它告诉你爱上外行领导的缘由。

一个小亲戚刚参加工作半年，名牌大学工民建专业，现在一家建筑设

计院工作。前几天他给我打电话深深地抱怨，说自己真是太倒霉了，摊了个一点不懂技术的外行领导，整天瞎指挥，这份工作简直没法干，他打算年底就跳槽。

对于刚毕业的小年轻，我一向反对跳蚤一样频频跳槽，既然请教到我这个长辈了，我就要根据自己的职场经验给他支支招。我告诉他的第一句话就是：爱上你的领导，哪怕他是一窍不通的外行。

"内行怎么能够爱上外行呢？我无法爱上一个技术不如我的领导。"小亲戚对我的建议很不理解。

于是我给他讲了刘邦的故事。

作为一个管理者，汉高祖刘邦曾直言不讳地表明了自己在很多方面都是地地道道的外行。他说："夫运筹帷幄之中，决胜于千里之外，吾不如子房；镇国家，抚百姓，给馈养，不绝粮道，吾不如萧何；连百万之军，战必胜，攻必取，吾不如韩信。"话虽这么说，但刘邦决不是事事外行，随即他又道出了自己的过人之处，"此三者，皆人杰也，吾能用之，此吾所以取天下也。"以刘邦为例，出谋划策、保障后勤、行军打仗他都非"专家"，但作为管理者，他能够领导"专家"就够了，也就是说他能把合适的人用在合适的地方。

由此我们可以总结出，领导的能力主要体现在知人用人上。

领导能力的另一体现方式就是为决策承担后果，刘邦居于幕后，却肩负着一国兴亡荣辱的压力。让下属解除顾虑，放开手脚，简化他们的工作，是一个领导的天职。这些职责都与行业本身无关，所以虽然隔行如隔山，但对于领导和管理，则具有很大范围的普遍性。想要实现职业化，必须将管理与实操分离开来。所以，外行领导内行本就是平常事。

当然，职场上一个靠技术吃饭的精英，却被一个不懂技术的领导管着，想起来也难免总让人觉得心里憋屈。如何克服这一心里障碍呢？不妨深入分析一下这一不服心理状态背后的深层次原因。

深植于职场的"官本位"心理

为什么我们在心里总是对内行当领导的情况更加认可？这可能来自于我们根深蒂固的"官本位"思想——只有做领导才能发挥最大的价值，而只有业务水平最高的人才有资格做领导。

在我们的大学校园里经常发生这样的事情：一个老师广受学生欢迎，不管去哪里教课都反响热烈，逐慢慢成为名师，可再然后学生们突然就听不到这位老师的课了，因为他已经成为了学校领导，坐在了行政办公室，再也不必亲自授课。看上去这是一条顺理成章的晋升之路，然而对于学生和学校，这又何尝不是一种难以量化的损失。业务水平好的人去当领导，不一定就有充分的合理性，反而有可能造成资源的错位安置。

将领导的行政级别等同于价值的高低，就容易生发出"领导理应全知全能、做得比大家都好"的思维误区，因循着这样的习惯，又恰巧遇到了一个外行领导，就容易陷入抵抗的情绪中，进而产生一些错误的假设导向，比如：

当人处于抗拒状态时，总会积累出怨气，因为关闭了视听，而在委屈中变得傲慢，傲慢产生偏见。如此一来，你的领导对你说起工作时，你不会有丝毫的认同感，只会在表面上唯唯诺诺，在心中却暗叫不服，或者干脆我行我素。相反，如果是一个内行领导，在这种思维习惯下，则有可能把公司变成了一言堂，全权由他掌控，直接取消了讨论环节。这可能也会产生一些消极的想法，比如认为领导的想法肯定最为完备和优越，一切听他的吧。

"领导"本身就是一项专业

那么为什么是那个人当了领导，而不是我呢？领导需要具备的能力是什么？

IBM前CEO路易斯·郭士纳是人们谈论再三的IT门外汉，他从没进入过计算机初级班，却凭借此前在咨询服务、金融服务、食品销售等多个行业的经历，将在管理上积累的经验移植到了这家帝国企业，作为一个外行带领IBM成功地完成了发展路径上的重大变革，同样筑成了其伟大。

在初创的小公司里，由于人手较少，团队领导可能还要担负着另一工种的工作，这时候对他的技术要求是有必要的，他必须在专业性上予以指导。但在成规模的企业中，领导岗位则是独立出来的，对他的技术要求是非操作层面的。换句话说，领导是一门有别于其他技术的技术，这种技术不是指做好某一件具体的事，而是关乎于人，关乎于他是否能让团队成员找到自己的位置，还关乎于企业的未来。

技术性问题并非核心问题

很多技术型企业发展到一定阶段就进入一个创新的瓶颈，原因就在于企业内部盛行着一种"工程师思维"。这里的工程师思维是指一味追求技术，认为所有的问题都可以通过技术手段来解决。最典型的例子是电脑硬件生产厂商，因其不断的单调的升级机能，而陷入了一种创新枯竭的死循环。

一句话，凡能用技术解决的，都是小问题；凡真正决定企业发展的，又都是技术层面难以解决的。这时候，外行往往能更好地发挥其优势，让问题回到一个最朴实的初始状态，让企业的决策拥有一次新的机会。很多时候，对行业的那种恰到好处的疏离感会形成一种看不见的生产力。

首先，外行更易找到不同视角。还以IT业为例，大概也只有郭士纳这样与该行业一直保持距离的领导者才会跳出那些条条框框，看到一条新道路，实现了差异化竞争。与内行相比，外行领导更容易走出事必躬亲的误区，也没有长久以来的思维定式，反倒能够离得远看得清，视野更加广阔，创意更丰富。

其次，外行老板更容易建立民主的讨论气氛。因为专业上的不足，在开会时他不会一家独大，而会愿意倾听各方意见。这也缓解了下属的压力，让他们不必在时刻看领导眼色的状态下惶惶不安。

另外，外行往往更了解客户。由于对技术的细节不甚了解，外行更偏向于选择从用户的角度出发去思考问题，同时对技术予以考察。这种思维在方向上与市场相一致，也更好地抓住了技术的本质和社会演变的趋势。

综上所述，外行上司与内行下属，尽管这是严重违反直觉的职场现象，但从科学的高度，这的确是合理的人员搭配。这也成为诸多知名企业的惯常做法，甚至已经形成了一个管理学上的观点，所以，你一定要矫正自己的偏见，视之为正常。

7. 霸气的上司是猛药，可以治痼疾

小张要去一个新公司了，临行前忧心忡忡，原因是听说新老板比较凶。他跟好朋友小李说这老板每天早晨要跟下属谈15分钟，名义上是总结头天工作、布置今天任务，实际上是把你劈头盖脸数落一通。以前坐那个位置的女同事，晚上回家经常要大哭一场。

小李首先想的是，那位同事挺坚强的，白天没有哭出来，但是，晚上琢磨过味儿来，委屈一下子压下来，确实是够受的。其次小李问他这个老板能力和业绩怎么样？小李说能力挺强的，部门的任务80%都是他自己完成的。接下来小李就劝告他："别犹豫了，去服务这样的上司吧，难过是难过点，但他绝对让你受益匪浅。你又不是一辈子跟他干，趁现在年轻，多学点东西吧。"

凶老板多半有过人之处，信不信由你。对人凶狠是一种异形状态，他那么做，一定有本钱。当然，这种本钱部分是由于他的地位，或者说一种被强加的气场，连杜宪老师都说，每次陈道明老师演完皇帝，回家脾气都比较大，每次演完小人物，回家都乖一些。老板也有这种本能，不过人还是要凭本事吃饭，老板也要很努力才能站得住脚。

其实你最不想要的就是那种看着挺客气但能力差的老板。他倒是不凶狠，但是你学不到东西，浪费你的青春。更可怕的是，老板能力差，又想坐稳位置，就常想出怪招整人，一不留神，你就被装进去了。职场老人都说："我宁愿要那种天天绷着脸但是有本事能让我学东西的老板，也不想跟"笑面虎"混日子、挨冷箭。"

我们为什么要工作，往小了说是养家糊口，往大了说是实现个人在社

会中的价值。一般在职场早期，主要的目标是提高能力、提升个人价值，你有求于公司、有求于老板的地方比较多，所以要多忍着点，领导凶就凶吧。等你成熟了、有本事了，常有猎头找你的时候，你可以重新考虑职场的价值甚至你人生的价值，做出一些大喊"姑奶奶不侍候你"或者"老子不看你这脸色"，然后扬长而去的壮举。还没准能换来凶领导给你道歉，恳求你留下，甚至痛哭流涕的壮观场面。凶领导的主要特点，一是不按常理出牌，脱口就骂人；二是对表扬极其吝啬。这两点确实很难忍受，但是就是有人宁可挨骂，也不跟着低能温顺的"笑面虎"做。以前有个跟李雪同级的主管，很凶，手下人也被训练得精明强干，活儿干得也总是超辛苦。有一次她劝道："你该适当表扬鼓励一下部下，他们干得确实不错啊。"

主管跟李雪说："我就是看不惯那种廉价的表扬，像有的领导，动不动就是Good，Job！ Well done！纯属花架子。我就是要让团队看到什么是高标准、什么是永无止境。"虽然他言语过激，但有一点李雪得承认，他确实很优秀，他带出来的下属也很优秀。

有过丰富职场经历的人大多感觉跟凶老板的日子比较难过，但回头看，跟凶老板学的东西确实是最多的。甚至凶老板的很多做法，很多人都决定将来自己当了老板后要不自觉地模仿。比如有一个凶老板，每次叫员工谈话时一旦员工空手进她的办公室，她就说"怎么可以不拿纸和笔就来呢？""当时听着是逆耳，但现在觉得实在是太有必要了"她带的某员工说，"将来我当老板，一定也这样要求员工。"

总结凶领导的种种好处，即：凶老板是一剂猛药，能治痼疾，可以让你脱胎换骨。当然，在和凶领导相处的时日，你还是要发挥点个人的聪明才智，别让他动你的筋骨，伤你的元气。

8. 与上司关系不好，跳槽不如"变形"

　　每一位职场人，想要跳槽的原因有很多种，如追求更高的待遇，更好的环境，更大的挑战空间等。但还有一点，有些人跳槽是因为与上司的关系不好，那么与上司关系不好的职场人该不该跳槽呢？看看以下的实例分析：

　　阿涛是一家美资企业人力资源总监助理，今年春天到的这家公司。几个月来工作本身还得心应手，但与上司的关系却自感不那么好，这个领导很难说话，有时候明明是很细小的事情，他非要小题大做，搞得鸡犬不宁。阿涛有时忍无可忍时会和他理论几句，事后也是想像什么事都没有发生过的那样相处，却发现距离还是更加疏远了。一段时间以来，这种心理压力大大影响了阿涛的工作心情，他也忧虑自己在这个公司还有没有前途。于是就想跳槽，不过他还算理性，辞职前没忘来找职业顾问咨询：我总是与上司的关系搞不好，我是否应该跳槽？

　　职业顾问是这样回答他的：我可以肯定地告诉你，在这个企业和这个上司处理不好的问题，到另一个单位和另一个上司也照样处理不好，即便是你要辞职，也要等问题解决了以后再辞职。因为换一个单位，你根本无从考察老板啊上司啊和你是否投缘对脾气。要想在职场上游刃有余，你就得把自己锻炼成万金油，什么人都能容，什么上司都能相处，哪怕是与狼共舞。

　　阿涛说不是说"江山易改，本性难移"嘛，性格是天生的，怎么能轻易改呢？

　　职业顾问回答说：我相信"江山易改，本性难移"的古训，这是中国人几千年来对人性的反省和研究的最后总结。性格和天赋是一个人自然产生并贯穿始终的思维、感觉或行为模式。现代神经学的最新研究表明，一个人的性格和天赋到15岁时就已基本定型了。16岁以后，性格可以有一些改变，但不会有根本的变化，只能从很内向变为较内向，不会由内向完全变为外向。

然而，人的品格却是可以改变的。

可以改变的是人的品格

我们需要注意区分性格与品格。我们通常说的人的个性可以分为性格和品格，性格不能根本改变，但品格是可以通过修养而改变的。品格包括一个人是否诚实、是否乐于帮助别人、是否对金钱放得开等等。古今中外立大志者，都很注重自己的品格修养。

另一方面，成大事者各种性格都有。因为不同的职业要求不同的性格。任何一种性格类型既是缺点也是优点，就看用在什么地方。

所以，我们应该将重点放在完善自己的品格修养上，而不是殚精竭虑地改变自己的性格。

以下这个案例就很明显地说明了品格是可以改变的问题。

尚小姐是个80后个性美女，崇尚自由，性格叛逆，为人强势，但是业务能力很强，每年都是单位的销售冠军。但是这一年以来，她和自己的上司越来越水火不容了，她必须改变自己说话的语气，用谦虚请教的口吻，用凡事好商量的表情。还有，必须放下对领导所有的偏见，找回自己的初心，努力地发现领导身上的优点，比如她气质不错，她非常自信从不怯场，对场面的驾驭能力很强，还有她性格坚韧、能吃苦耐劳等等。还有就是一定要心情愉悦，用欣赏的眼光看待世界打量职场。

在朋友的指导下，尚小姐第二天就开始践行了，她收到了立竿见影的效果，用积极乐观的态度和领导沟通，即使领导训话，也谦虚地接受，不狡辩、不抵触，领导说完了，她和领导的关系真的就改善了。慢慢地她发现，领导真的没有她之前想像的那么讨厌。

其实职场和情场一样，比如有的女人因为婆媳关系不睦而和丈夫选择了离婚，可是再婚后同样也要面对婆媳关系问题，即使没有婆媳关系的缠绕，也会有新的问题烦恼。所以，总换人不是办法，根本的出路在于调整自己的性情，提高自己经营婚姻处理问题的能力。一旦你反观自我向内因寻找答案，那种游刃有余行家里手的感觉就离你近了。

和不喜欢自己的领导怎样相处

如果说你感到某位领导与自己之间存有隔膜，而原因主要出在领导身上，是领导的工作不够深入，不够耐心细致，或者他对你的工作态度和工作方式不太满意，有一些看法。这时候你很需要寻找到一个解决问题的好办法，可以从以下几个具体方面着手：

一是，你可以试着理解对方的想法，学会换位思考，主动寻求沟通的机会。如果有必要的话，可以选择适当的时间和场合，与领导交谈一次。

二是，了解一下他是怎样看待你的，同时也验证一下你的猜想是否有道理，或许一切并不像自己所认为的那样糟糕。即便真的有些误会也不要紧，交流可以使你们增进了解，缩短心理距离感。

三是，检讨一下自己。作为一名下属要服从上级组织，服从命令是天职，这是不容争辩的道理。你需要严格要求自己，如果真的是自己有些方面未达到要求，就要尽快改正。如果上述两点你都认真做到了，领导仍然不满意你，关系没有任何改善，就只好暂时放下这件事情（或不去介意）。因为你只能把握自己怎么想、怎么做，至于领导的行为方式，是你无法改变和控制的。你完全没有必要为此事过分在意，尤其是影响自己的情绪和工作。必要时，也可以考虑寻求他人的帮助。

第四章

如何管理上司的决策，
牵着上司的鼻子走

反向管理的最高境界应该是影响领导的决策了。

毛主席说过："我只做两件事情，一个是出主意，一个是用好人。"事实上，他也是这么做的。一个卓越的领导人通常只做两三件事情，比如决策、制度设定和用人。如果你够有智慧，你完全可以帮领导出主意制度设计，牵着上司的鼻子走，做职场上垂帘听政的"皇太后"。

1. 一定让上司开口先

先来看一个笑话:

有一天,一个销售员、一个办事员和他们的经理步行去午餐,路上他们发现了一盏古代油灯。

他们感到非常好奇,就认真地摩擦油灯,突然,一个精灵跳了出来。

精灵对他们说:"我能满足你们每人一个愿望。"

"我先!我先!"办事员说,"我想去巴哈马群岛,开着快艇,与世隔绝。"

倏!她飞走了。

"该我了!该我了!"销售员慌忙说,"我想去夏威夷,躺在沙滩上,有私人女按摩师,免费续杯的冰镇果汁朗姆酒,还有一生中最爱的女人。"

倏!他飞走了。

"OK,该你了。"精灵对经理说。

经理回答:"我要那两个蠢货午饭后马上回来工作!"

倏!倏!销售员和办事员都回来了。

这个故事的寓意是:永远让你的老板开口先。

是的,上司作为高高在上的人,他有一定的话语权和决策权,你冒昧地替他代言,其后果可想而知。今年五一,在某办公室就发生过这样的事情。

单位的福利比较好,每当小长假前的那一天,只上半天班。今年五一也是如此。办公室的打字员小曹是个心直口快的姑娘,人称"消息探子"。那天中午刚刚吃过饭，她就去办公室打听放假时间去了。

不一会儿的工夫她就兴冲冲地回来了，一看这神色大家都知道是好事。恰好这时候新来的员工李娟在唉声叹气地发愁说："要是今天下午不上班就好了，我就可以坐傍晚的火车回老家了。"小曹见状，立马说："妹妹你大胆地走吧，咱们下午不上班了。我刚从行政办公室问出来的消息。"

"真的？"李娟激动坏了，抱着小曹一顿亲昵，高呼万岁就要收拾包往外冲，结果一头撞到女主管身上。其实女主管也是接了上面的通知，正要过来亲自下达指令，结果就发现了员工们在狂欢呢。主管非常生气，大声呵斥："干嘛呢你们？这是办公室，你们以为是迪厅呢？谁告诉你们下午不上班的？我安排你们一天打20个电话你们打了吗？没打赶紧打，下午照常上班！"

尽管这决策是社长大人下发的，但决定的前提是"一般情况下"。再说了，作为部门领导，说情况特殊本部门要照常上班，大领导肯定也是支持的。

而女主管原本也是为了来通知大家下午不上班的，怎么就如此戏剧性地突然变卦了呢？原因很简单啊，就是她作为主管的话语权被下属抢断了呀，权威受到挑战，她要叛逆，她要反击，强调自己的存在感。这时候她心里存在着这样一种声音：老虎不发威，你当我是病猫呢？

所以，身在职场，千万不能抢断上司的话语权，即使是芝麻大的小事，也要想办法让他开口，你不能代言。

能够从领导口中得到更多的信息，让领导主动开口，那相当于在漆黑的夜里给行驶的汽车装上了车灯。而对于公司的重大决策发展内幕，领导往往会守口如瓶，绝不会轻易透露。这就要选择合适的时机，合适的场合，让领导自己开口说出来。

可能你要说，让领导自己开口说话有时候并不是很容易的事，他们喜欢守口如瓶，这种情形下，你不妨试一试下面的方法：

一是接着领导的话说，用领导的话来恭维领导，不留痕迹地让领导顺着惯性说下去，不可说的话，也能自然而出。

二是向领导学习、请教，赖着领导要求得到他的指导，让这份赖皮撬开领导的忌言之口。

三是让领导感觉安全，让领导得意之余，说出讳言之后不后怕，为领导铸造安全的喇叭，下次还自愿透露"机密"。

四是夸奖领导得法，不让领导觉得你是在拍马屁，兼顾领导的高和自己的低，让领导自己主动来指点，告诉你他的独门诀窍。

五是把领导的顾虑打消，给他勇气和支持，让他把曾经不能说、不敢想，或者想过但没说过的话说出来，同时也让他觉得自己有责任这样做。

六是给领导提供说讳言的环境，让他放松、大胆，见证他要说的忌讳的话，并且为他要说的话鼓掌而不是威胁。

七是做好铺垫，把大家想说的话，想要的结果抛给领导，给他行使自己权利的机会，让他感受当领导的礼遇，自然会说些平时不能说的话。

2. 迂回作战，与上司不拼蛮力

"二战"时期，德军进攻苏联本土，苏军总参谋长朱可夫大将与他的上司斯大林元帅出现了严重的分歧。根据敌军凶猛态势，朱可夫认为"有取有舍、积蓄力量、适时反击"是唯一可行的方法。但这与斯大林"寸土必争"的想法恰好相悖。从军事上讲，朱可夫的判断是对的。但斯大林有政治上的考虑，无论如何不肯放弃基辅这样的重镇。结果朱可夫被当场解职，发配到基层作战。这是一个典型的与领导决策分歧案例。

许多职场人都会遇到对上司的决策不满意的情况，尤其是那些中层管理者，经常会在决策上与大老板存在分歧，这时候，他们往往会和朱可夫一样"宁折不弯"、"坚持真理"，但他们往往忽视了两方面重要的信息：

一是上级未必就是错的。上级有更宏观的视角，要为整体利益负责。局部的失败，也许能获得全局上的成功。简单讲，就是你说的未必就一定对。

二是即便是上级真的由于专业知识的不足，做出了错误的判断和决策，你也不能直接表达反对意见。直接表达反对性意见会激起领导的不良情绪的反应，挫伤领导的自尊和脸面，造成不必要的冲突和摩擦。其结果就会像朱可夫一样谋国不成，谋身也做不到。

那么应该如何去做呢？我们看上面故事的另一个插曲。

朱可夫丢掉总参谋长之后，能力、名气都稍逊一筹的华西列夫斯基走马继任。他知道上级比较强势，所以从不在会上与之争执，但会经常找机会与斯大林闲聊，在喝茶时轻描淡写、漫不经心地谈军事策略。几天后，斯大林布置工作，决策之英明总会得到大家的由衷赞叹，但没人知道这些思路的关键部分都是华西列夫斯基的幕后贡献。战后，华西列夫斯基深受赏识，官至极品、位列元帅。

朱可夫与华西列夫斯基的反差充分证明了假如你想在决策上造反，让领导按着自己的思路走，你要学会迂回作战，与上级不拼蛮力。

所谓迂回作战，就是不直接表达，避免正面交火，化心思于无形，采用暗度陈仓的方式达到自己的目的。美国总统罗斯福的私人顾问亚历山大·萨克斯也是这样"统治"罗斯福的。

在1939年受爱因斯坦等科学家的委托，亚历山大·萨克斯企图说服罗斯福重视原子弹研究，以便抢在纳粹德国前制造原子弹。

尽管有科学家们的信件和备忘录，但罗斯福对此仍不甚感冒，他说："这些都很有趣，不过政府若在现阶段干预此事，看来为时过早。"

罗斯福为了表示歉意，决定邀请萨克斯于第二天共进早餐。早餐开始前，罗斯福提出，今天不许再谈爱因斯坦的信。

萨克斯含笑望着总统说："我想谈一点历史。英法战争期间，在欧洲大陆上不可一世的拿破仑在海上却屡战屡败。这时一位年轻的美国发明家富尔顿来到了这位法国皇帝面前，建议把法国战舰上的桅杆砍掉，撤去风帆，装上蒸汽机，把木板换成钢板。但是，拿破仑却想，船若没有帆就不能航行，木板换成钢板，船就会沉没。他嘲笑富尔顿简直是想入非非，不可思议！结果富尔顿被轰了出去。历史学家们在评论这段历史时认为，如果当初拿破仑采纳富尔顿的建议，19世纪的历史就会重写。"

萨克斯说完后，目光深沉地注视着总统。

罗斯福沉思了几分钟，然后斟满酒，递给萨克斯，说道："你胜利了！"

就这样，萨克斯终于说服了总统，揭开了美国制造原子弹的序幕。

我们每个人都有着自己的一系列的观点和看法，它支撑着我们的自信，是我们思考的结果。无论是谁，遭到别人的直言不讳的反对，特别是当受到激烈言辞的迎头痛击时，都会产生敌意，导致不快、反感、厌恶乃至愤怒和仇恨。这时，我们会感到，气窜两肋，肝火上升，血管贲张，心跳加快，全身处于一种高度紧张状态，时刻准备做出反击。其实，这种生理反应正是心理反应的外化，是人类最本能的自我保护机制的反应。

自然，对于许多领导来说，由于历事颇多，久经世故，是能够临危而不乱，沉得住气的，不会立即做出过激的反应。而且，许多领导还是有一定心胸的，不会偏狭地受情绪左右，意气用事。但是，其心中的不快却是不能自控的，而且由于领导处于指挥全局的岗位上，又加上了权力的因素，领导是很难避免出现愤怒情绪的。下属的直言不讳，往往会使领导觉得脸上无光，威名扫地，而领导的身份又决定了他非常需要这些东西。

事实上，我们会发现，通过间接的途径表达自己的意见反而更容易被人接受，这大概就是古人以迂为直的奥妙所在吧！

原因其实是很简单的，间接的方法很容易使你摆脱其中的各种利害关系，淡化矛盾并转移争论焦点，从而减少领导对你的敌意。在心绪正常的情况下，理智占了上风，他自然会认真考虑你的意见，不至于先入为主地将你的意见一棒子打死。

给领导提决策建议，有很重要的一个方面，那就是一定要注意时机和场合，以便使领导能用心领会你的意见，并不会导致对你的反感。在娱乐活动中，一般领导的心情比较好，这时候提出建议会使领导更容易接受。特别是如果你能把所提的建议同当时的情景联系起来，通过暗示、模拟等一系列活动的作用，则会对领导有更大的启发。还有些比较成功的下属善于接住领导的话茬儿，上承下转，借题发挥，巧妙地加以应用，从而很好地触动了领导，使许多悬而未决的问题得到了解决。

以下是发生在几年前的一个案例。

有一个单位刚购置了一批计算机及相关设备，并准备修建一个机房。但在机房安置空调机一事上，领导却不肯批准，认为单位的同志们都在没有空调的情况下办公，不宜单独对机房破例。虽然有关同志据理力争，说明安装空调是出于机器保养而非个人享受的需要，但仍不能打破领导的老脑筋，说服领导。

有一次，单位的领导与同志们一起出去旅游、参观。在一个文物展鉴会上，领导发现一些文物有了毁坏和破损，就询问解说员。解说员解释说，这是由于文物保护部门缺乏足够的经费，不能够使文物保存在一种恒温状况下所致。如果有一定的制冷设备，如空调，这些文物可能会保存得更加完善。领导听后，不禁有些感慨。此时，站在一旁的机房负责人老王乘机对领导低语："刘局长，机房里装空调也是这个道理呀！"刘局长看了他一眼，沉思片刻，然后说："回去再打个报告上来。"后来，刘局长果真批准了机房的要求，为他们装上了空调。

从这个例子可以看出，正是由于老王能够不失时机地将眼前的景象同自己所要提出的建议联系起来，使领导产生由此及彼的模拟和联想，从而很好地启发了领导，使他能够接受老王的意见，使问题才最终得以解决。在平常生活中的寥寥数语竟胜过郑重其事的据理力争，这是不能不引起下属深思的，更值得我们加以借鉴。

3. 既往不咎，跟上级不要脾气

白起是继孙子之后，古代最具军事才能的战将之一。白起的得意之笔就是秦赵长平之战，擒杀"纸上谈兵"的赵括，围攻赵国都城邯郸。但此后的故事才对管理者更具借鉴意义。眼见都城不保，赵国玩阴谋，用反间计贿赂秦国宰相范雎。于是，范雎以秦兵疲惫，日久生变为由，促使秦王下令班师。白起回国后，把功亏一篑的遗憾跟秦王一讲，秦王就明白自己错了，于是好言相求让他再度出征。但白起感觉自己委屈大了去了，从此托病不出。如是者再三，原来白起只是与范雎结仇，最后变成跟秦王置气了。偏巧，秦国其他将领也真不争气，打一仗败一仗，伤亡惨重。白起听到后还挺美，说："当初不听我的，现在如何？"

秦昭王闻讯大怒，贬之出咸阳，想一想又怕白起投敌叛逃，派使者拿宝剑追上去，令其自裁。白起伏剑自刎时说："我何罪于天而至此哉？"

当反向管理不成功被上司不正确的决策殃及遭受委屈时，作为下属必须意识到反复提及、纠缠于上级的失误于事无补、适得其反。公开认错的上级要具备足够的能力与自信，能间接认错的已属于好上级。简单讲，就是你委屈了，别让上级更委屈。上级决策失误后，你要设法将之弥补，而不是在一旁幸灾乐祸，否则双方就出现了根本利益上的背离和目的上的分歧，这时候你有再大的价值也只能被放弃。简单讲，就是允许异曲同工，但不可以同床异梦。

有一位企业老板坦言，他的企业中有能力的有两种能人，一种是有能力又能控制得了的，一种是有能力但控制不了的。前者让他欣喜，后者让他恐惧，那些有能力但控制不了的他不敢委以重任。从心理学上讲，恐惧产生攻击。对于下级来说，表达委屈不是不可以，但做法上一定不能让上级感到反感和威胁。

所以，若是你在决策事宜上反向管理败北，无法说服领导听从你正确的建议，千万也不要因为气馁而和上级耍脾气。

《甄嬛传》大家都看过吧？曾经甄嬛在反向管理上很失败，因为华妃中了皇后的圈套而导致甄嬛的一个孩子流产时，甄嬛很伤心，她想让皇上惩治华妃。可是皇上因为顾忌年羹尧的权势出于政治和军事的需要没有按照甄嬛的意思去替她出气，甄嬛气不过，对皇上很有意见，和皇上置气，皇上很不高兴。好在她在沈眉庄的指点下及时纠正，才得以上位。可是后来当她的父亲被年羹尧陷害入狱时，甄嬛和"老板"较真的老毛病又犯了，且比上一次更深重，无论皇上怎么讨好道歉，她顽固不化，倔强到底。最终被发配到寺庙受罪。作为一位看客，甄嬛真有点不识抬举。

我们常常说要对人宽容，对领导也应该如此，被误解了冤枉了，要养精蓄锐修炼智慧，能屈能伸，才是一条真正的汉子。凡事一旦较真到底，很容易伤了和气和感情，和气伤了，以后就不好面对了，不好面对又怎么好共同处事？在谁手底下当差，谁就是主子，和主子怄气较真肯定不会有好果子吃。

《将相和》的故事我们都听过，故事中的主人公蔺相如很能运筹帷幄，懂得低头，目光放得十分长远，在一些小的事情上处理得很是到位。他的低头不仅不会让他失去什么，还获得了尊重。职场中就该不那么棱角分明，学会低头，学会忍耐，把低头作为一种前进的高明策略。这是十分可贵和难得的。

低头不是说明你是个懦弱的人，而是避免不必要的敌人对你的攻击，向别人示弱，只是一种"扮猪吃老虎"的表现。

被称为美国人之父的富兰克林一生功绩卓绝，为人谦逊。这与他一次拜访不无关系。一次，富兰克林到一位前辈家拜访。他一进门，头就狠狠地撞在了门框上，疼得他一边不住地用手揉搓，一边看着比正常标准低矮的门。

出来迎接他的前辈看到他这副样子，笑笑说："很痛吧？可是，这将是你今天访问的最大收获。人要想平安活在世上，就必须时刻记住'低头'。这也是我要教你的，不要忘记了！"

富兰克林把这次拜访看成最大收获，牢牢记住前辈教导，并把它列入他的人生准则。

故事中，富兰克林学到人生一课，要想平安活在世上就得学会低头。在职场中也一样，要想平安前行，就得学会低头，有同事要刻意刁难你，你不仅不能怪他，还应该向他请教，化解偏见，成为好友。有上司因为失误或能力不足冤枉了你，不该过于较真，而是以友好的态度表示原谅。大度的领导会因为你的宽容而对你加倍补偿，小人型领导会因为你的低调而选择善罢甘休。这样的局面才是对你有利的。

无论你的领导是什么类型的领导，你都要记住这句话：多低头，没坏处，凡事较真过头必将成为坏事。

4. 居功不傲，防止上级秋后算账

企业高管最苦恼的问题之一，就是自己培养出来的下属，一旦被提拔、重用，就变得很自我，不受约束，甚至处处要和自己逆着来，让他向东他偏向西，而且产生这样的心理：反正你离不开我，就算我不听你的，你也不能把我怎样。这些人，往往有一种"功臣情结"，以为自己给单位做过很大贡献，领导应该长久器重我，其他人都要处处尊重我甚至让着我。要不然，没我你们玩不转。

有这样的心理是十分可怕的。从小处讲，会导致领导不满，从大处讲，会损害与单位其他人的关系，毒害单位的文化，最后的结局，往往就只能被单位当成前进中的障碍排除在外。

韩明是某传媒公司销售部的"大拿"，业务骨干，有远见卓识又有销售能力。两年前她看到平面媒体广告难做，就及时转变思维，策划了一个亲子类的选秀活动。真的，为了这个活动她把所有的社会资源都用上了，老爸老妈的关系，同学老公的关系，大学同学的关系，但凡能用的关系都挖掘出来，排除万难，搭台唱戏，甚至请客吃饭的费用都是自己掏腰包。经过几年的培育，活动搞得越来越有影响力了，而且这个单位80%的招商任务都是靠这个活动完成的。说实话，没有韩明培养的这个活动，部门所有同事的工资和奖金甚至是去留都成问题，可以说是这个活动拯救了单位养活了大家。韩明的能力也因此得到上上下下所有领导同事的认可。

韩明也是个积极上进的下属，成功面前她没有停滞，而是自费参加了新媒体培训班，给自己充电。

但今年春天在新一届活动要开始的时候，韩明和领导产生了严重的分歧。先是在去年活动的业务分成上韩明认为领导拿的利润比例太大，韩明认为没有自己就没有这项活动，自己的提成比例应该从8%提升至10%，领导该让给自己两个点。另外，在新一届活动的筹备方向上也和领导产生了巨大的分歧，韩明觉得应该从利润里多拿出一部分增加新一届活动的投资，把规模做得更大些，让活动的声音更嘹亮些。可是领导鉴于今年广告收入下滑严重，全年任务完成得有点吃力，不想投入太多。因为对领导有了看法，无论在招商方案上还是宣传方案上，韩明和领导的沟通越来越不顺畅，矛盾发展到白热化，严重到根本没法沟通，说不到两句话就吵起来。这样持续了十来天，突然有一天领导开始让步了，什么都听她的，也不管她了，说要给韩明这匹千里马更大的空间让她施展才华。

这下韩明高兴了，以为自己的能力终于把领导征服了，开始放手大干一场了。结果呢，活动刚刚搞完，领导就卸磨杀驴，随便列了三大罪状请示高层就把韩明辞了。韩明说自己比窦娥都冤啊，这个活动好像自己生的孩子一样，养大了却管别人叫娘去了。哎，真是悲催啊。

可是，可怜之人必有可气之处，即使你是"功臣"，也不能有不可一世的心理。在团队角色问题中，团队中一定有一件事情是你最擅长的。也许在这件事情的操作过程中，你是主要力量，但并不代表没有你就不行。

赵本山的小品中有一句话："地球就得围着你转，你是太阳呀？"你必须清楚，这个世界上少了谁都一样。伟人都会成为历史，更何况我们呢？

乐羊是战国时代的一名"空降兵"，职业经理人，受聘于魏文侯，领兵征伐中山国，得胜还朝。回到魏国，老板率领各位高管为他大摆宴席，但丝毫没提奖赏的事。

曲终人散之际，魏文侯让人搬出两大箱子东西给他。乐羊扛回家打开一看，冷汗都下来了。原来里面全都是朝廷重臣攻击他的奏章，有说他在外收受贿赂的，有说他要自立为王的。

第二天一早，乐羊到宫中谢罪。魏文侯笑答："你以为你在前线的功劳都是你自己的吗？没有你，我打不下中山国；但没有我，谁能这么信任地使用你呢？"

这的确值得我们深思。许多营销管理者，只看到了自己是市场业绩的直接创造者，却没有意识到上级的正确授权与暗中支持，同样不可或缺。个人的能力与努力，是取得业绩的必要条件，但决不是充分条件。取得一点成绩就趾高气扬、不可一世，是万万不可取的。

在现实中，我们也可以看到这样的例子。

一家企业销售业绩连续下滑，经过多方努力都未见效，最后老板只好把大学时住上下铺的同学、公司现任常务副总派去管营销。一年之内，销售业绩大幅提高。庆功宴上，一帮不知深浅的业务人员举着酒瓶，齐声高呼常务副总万岁，把老板看得目瞪口呆、浮想联翩。不久，常务副总被调离营销部门，从此打入冷宫。

表面看这是无端招祸，又不是他让底下人这么喊的。但实际上，常务副总的举止细节已经透露出傲气。管营销前，跟老板说话，坐在椅子上规规矩矩；管营销后，总愿意翘个二郎腿。一旦打入冷宫，两腿摆放就又恢复早先的样子了。

所以，无论做什么事情，一旦你认为这个事情没有了自己就一定不会成功，那么你就会有一种骄矜之气。这种骄矜之气，会为你自己带来晦气。人在职场，若想成就大事，就要有大格局，有居功不傲的素养。是功臣，就是单位的"金苹果"；但如果居功自傲，"金苹果"就会成为"烂苹果"！

5. 职场"小罗罗"照样可以掌握话语权

所谓话语权，其实就是控制舆论的能力——关键不在于话多话少，而在于分量。就像选秀比赛里的评分规则，虽说现场每个人的意见都要包含在内，但普通观众的投票价值1分，媒体记者的投票价值2分，而专业评审的一票则价值3分——这就是最直观的话语权的差异。

可见，话语权和决策权是成正比的，有时候可以直接划等号。

假如职场上你是个有话语权的人，你就是个说了话能起作用的人，是个有决策权的隐形人。

话语权通常掌握在老板手里，有时候也掌握在小罗罗嘴里。

在A杂志社编辑部那边，话语权也挺另类的。编辑部十几个人，每周都要抽出一个下午时间，来讨论选题。每次"头脑风暴"大家都能冒出不少好点子，但究竟哪个最好，却总是争执不下。这时候，解决的办法不是像其他的媒体那样由主编定夺，也不是有上下半月的主编商讨，而是交给那个来了不久的绰号叫"小清新"的小编。有意思的是，每次主编把确定的选题再拿给大家看时，得到的往往是一片赞扬之声，反对意见偃旗息鼓。比主编定夺都更能服众。慢慢地，"小清新"成了主编眼中的红人，大伙心里的榜样。

可见，当一个人在团队里得到认可，他的意见和建议能够让大家心悦诚服大家都愿意追随或者服从他的时候，他就有了话语权。虽然他这时候说的还是自己想说的话，但是威力却很大——此时他并不是一个人在战斗，而是整合了整个团队的意志，变得无比强悍。

　　职场和选秀比赛不一样，我们每个人既是参赛选手，又兼有评委的职责——既评判他人，又被他人评判。同样是PK，如果你的意见权重比别人大，那么在赛场上就具有了先天的优势。因此，能否放大自己的意见，让自己变得重要起来，关键就在于是否掌握着话语权。

　　有些话语权是天然的，你占据了这个位置，自然在很多问题上就能"说了算"。比如你的上司和领导，职位赋予他们的权力就是最终拍板，一锤定音。他们可以不询问你直接作出决定，一句"就这么定了"，即便大家再不满意，也没有任何商量的余地。这时候，任何抵抗都是徒劳的，在话语权面前，你只有乖乖服从的份儿。

　　还有一些话语权是后天形成的。以早几年前红极一时的情景喜剧片《武林外传》为例，在剧中，同样是打工仔，白展堂明显就比李大嘴说话有分量，而人微言轻的莫小贝在绝大多数场合里，更是只有乖乖服从的份儿。

　　也就是说，除了权力之外，像白展堂这样的民间意见领袖同样可以占据办公室话语权：他没有一官半职，这种"说了算"的权力也得不到任何制度上的保证，但真要是遇到问题了，大家总是愿意听听他的想法，看看他是怎么看待这件事的——进而，他的想法会影响到其他人的态度，并且在更大范围内得到认同。

　　这或许就是江湖上说的"带头大哥"吧。这"大哥"的地位，来自经年累月的积累，实打实的历史业绩，也来自资历、威望和口碑。你看人家白展堂，有危险第一个往上冲，遇到麻烦也总能想出万全之策，这么个主心骨，由不得别人不信服。

　　甚至，在某些极端情况下，"带头大哥"的话语权比领导职位的话语权，更有决定意义。职场斗争中，下属合起伙儿来做掉上司，这种事你我都不是没听说过。这也就是为什么绝大多数做上司的，尽量避免和"带头大哥"正面交锋的原因。如果可能的话，"招安"是最好的解决方法，就像佟湘玉和白展堂，永远站在同一战线上，煞是和谐。

　　因为任何一个管理者都清楚，挑战"话语权"，不仅仅是比拼个人实力，更重要的是，要挑战他背后所有支持者的思维习惯和情感惯性。这几乎是一件不可能完成的任务。

可话又说回来，作为个人，我们当然不可能事事都和拥有话语权的人保持一致。所以当他说"这是黑色"的时候，即便你再确信眼前这东西是红色绿色黄色蓝色，也不要当面反驳他，而是找一个合适的场合，抱着请教的姿态问他：这为什么是黑色？或者，找一个你认为是黑色的东西让他分辨一下，两个"黑色"到底一样不一样。

总之一句话，千万别冒犯话语权，即便是你对自己有十足的把握。

6. 领导决策朝令夕改，你该怎么办

蕊蕊是某广告公司总监助理，6月初的时候，运营总监吩咐她要多找客户，一个月内找出500个目标客户，广撒网多捞鱼。并且还把招商方案挨个发给对方。"接旨"后，蕊蕊开始行动起来，加班加点用了两个星期的时间终于把500个客户凑齐了，然后开始联系快递公司，和快递公司协商在快递单上把己方的地址电话打印上，这样可以节约时间提高工作效率。蕊蕊花了一个星期的时间把快递单齐整，正要大批量发快递时，总监突然通知她不要发这么多了，还是要有针对性地发，先和客户沟通，联系到经理级别以上的人建立比较熟稔的关系后再发招商方案！

蕊蕊一个月的工作全打了水漂了，还被快递公司质问了一通，别提多郁闷了，更让她吐血的是月底总结会的时候总监还嫌她工作没什么进展！蕊蕊真的要气疯了，她在心里狠狠地骂了领导。

和蕊蕊一样，职场上我们都曾遭遇过这种上司，他一会一个主意，一

天十八变，作为执行者，我们左也不是右也不是，无论怎么做都不得好评。最后因为他们的善变耽搁了时间出不来成果，他们还批评下属没干事，尽混日子了。和这种变色龙领导相处，真令人无所适从。

管理层的政策朝令夕改，确实令人难以招架，但是这样的问题，换个角度想，同时也是测试你是否能和高层主管一样，在决策过程中有同样的思考模式？面对事务，你有没有宽广的眼光和气度？

遇到这种情况，先别急着抱怨，也别忙着拒绝，你首先应该问问这是不是最最高层人物已经拍板定案签字画押的最后决策，还是只是提供创意的参考值。

若只是提供思考的创意建议，那也不必太过紧张，甚至是心情沮丧，你只需要尽心尽力去执行即可，说不定这个想法，会为你的工作加分。同样的，你也可以分析、评估、综合自己的想法及高层建议，重新提出一套计划。

通过"RACE"，像主管那样思考

如果已经是主管明示的最后决策，会让我们无所适从的原因，是在这决策的过程当中我们没有参与，但是我相信通常命令的产生，都是由高层共同讨论出的思考结果和解决方式。

其实你可以心平气和假设问题的情况，站在老板或高层的立场，思考他们处理事务的方法，这是一种很好的学习。训练自己拥有主管的思考模式，是提升自己能力非常好的管道。

遇到这样的情形，我建议你可以利用下列的"RACE"四步骤来思考：

Research：找寻信息，可以用问的、用查的，事情都有些前因后果及蛛丝马迹的，有待于你发现。

Analysis：分析，分析所有信息，也可以重新提出计划及建议。

Communication：和你的高层主管或老板沟通，小组集思广益。

Evaluation：参与执行，评估效果。

有了充足的了解，如果你也认同主管的想法，那就全心全力的执行；

也可以融合自己的想法，向上级分析后建议，在计划上做调整。

善用沟通管道

一个有制度的公司，通常可以利用既有的管道做沟通协调，不要忘记在基层和高层之间，还有着中层主管来扮演讯息沟通、传递的角色。

在一个阶级式管理、分工明确的公司，就要注重整体制度和办公室伦理，尽可能不要做越级报告的动作。有些企业文化对于这样的做法比较敏感，而且也意味着你的上层没有把他的职能做好，这也不是你当初的本意吧？

另外，可以利用公司固定的常会提出意见。在开会之前，先透过部门内的共商讨论，产生初步想法，提案成功的机会也比较大。

假使你的直接上司不在，或真的有紧急的状况必须立即处理，准备向更高层报告之前，可以先打个电话告知主管目前的情况，或是用E-mail沟通联系。寄送邮件给高层的同时，别忘寄份副本给你的直属主管，这样的方式透明且公开，也让大家都能掌握目前的状况。

Stand in One's Shoes

永远记得要让上层了解你的问题，和对方沟通的时候，让他站在你的角度思考固然重要，但也要让对方认为你同样也"Stand in my shoes"(站在我的角度)这样的沟通才会有共识，不会沦为各说各话。

在决策和执行的两个角色上，本来就应该多听多问，再做沟通。决策通常都还有些讨论的空间，不能只是拒绝，也不能一味接受。不用害怕和主管反映你的想法，在这个过程之中，反而是表现自己的机会。高层、主管会看得出来谁是有能力做大事的人。会思考提问的人才，才是公司所重视的。

7. 如何对上司说不才能讨得他喜欢

很多职场中的朋友都说，与上司对话时最难的不是什么都说或是无话可说，而是不知道应该在什么时候说"不"，如何说"不"。的确，与领导说话是一门艺术，这门艺术中最难的就是如何说"不"。拒绝领导不是一件容易的事，拒绝得好能表明自己的态度，也让领导知道自己的所长所短、量才而用，可拒绝得不好费心费力不说，还会把上下级关系搞僵，令他觉得你不爱他。

这是发生在十多年前的一个职场惨案了：

某特大型油田有位文联主席，文章写得极好，年轻、阳光又儒雅，在国内文学圈里小有名气，口碑很好。结果这位仁兄被油田领导相中，正值该油田宣传部长年满卸任，就一纸调令让他去油田宣传部当部长。对别人来说，这可是千载难逢的升官机会，高兴还来不及呢。可人各有志，这位仁兄是打心眼儿里不愿意去当什么宣传部长，他对朋友说，他喜欢无拘无束地写文章，感悟世界、感悟生命，不想被事无巨细的事宜和八股文章束缚了手脚。朋友就告诉他，官有的是人想当，你不想做就和领导明说呗，把自己的想法告诉领导不就行了？可他说，他是油田领导班子公认的最合适人选，就连前任宣传部长都认为他是最好的接班人，如果拒绝就会被领导认为是不识抬举。这就样，这位仁兄在领导们的殷切期望中做了半年多的宣传部长，工作成果也不错。可就在领导们一致认为得到了一位好的宣传部长时，这位仁兄却在家中自杀了。从他留下的遗书中得知，当了宣传部长后，他不喜欢却又不想辜负领导的信任，殚精竭虑地做好工作的同时又无比怀念自己当文联主席时的日子，最终导致他患上了抑郁症，一天比一天绝望。他曾无数次来到领导办公室想辞职，可又无数次在领导的夸奖和鼓励中感到无法开口，病情日益严重，最终选择用这种方式离开了世界。

这个案例听起来有些不可思议，还有为了不想当官而寻短见的？可这确实是曾经活生生发生在生活中的事实。大家可能会问：和领导说"不"哪有这么难？学会拒绝真有这么难吗？好，我们再来看一个做得好的拒绝案例。

王琳在一家大型公关公司已经工作了五年。她工作认真，能力很强，领导交办的工作从没失误过，很受总经理的信任，把重要任务交给她做很放心。可是什么重要工作都让王琳做却把她累得苦不堪言。当看到别的同事都能放年假、提职提薪，而自己只有不断提高的工作量时，王琳心里也是想法多多。她又从别的同事那儿听到，公司几次讨论她提职都被总经理否定了，总经理认为她什么活都拿得起、放得下，放在一线很让人放心。同事不禁取笑她："你要是升职了，总经理上哪儿再找你这么任劳任怨、从不出错的老黄牛啊！"

王琳决定掌握自己的命运，必须学会和领导说"不"。第二天，当总经理又来找她说新来一个项目，让她来做时，王琳鼓起勇气说："经理，我现在手头已经有三个大项目、四个小项目在做了，我担心自己时间不够用，您看这个项目是否安排别人来做呢？"总经理一听立刻不高兴了："王琳，你可是从来不怕累、不怕苦的，我是信任你才让你做。""那好吧，我尽量往前赶。不过，要按时完成实在是时间紧张，您看能不能派几个人帮帮我？"王琳低着头、轻描淡写地说着，心里想着：一定要说出来，不然自己真的累死了。总经理听完，先是一怔，又惊讶地看着王琳，过了一会儿笑着说："是啊，工作量是大了点儿，我找几个人帮你吧，以后他们就归你管好了。"

在这个案例中，总经理并不知道王琳的工作量有多重，或者说没这个概念，只知道王琳工作完成得好又从不说"不"，他用着很顺手。碰到这样的领导，也别觉得他是拿你当软柿子捏，要调整好心态，摆明自己爱这份工作，但确实完成起来有难度。要么拒绝，要么请领导想办法为你提供更好一些的工作条件。只要真诚地向领导表明：你不是一个超人，领导大多还是能理解并重新考虑的。像案例里那样干脆不想做这项工作的，也要尽可快地和领导说清楚自己的想法，有些事越拖越不好开口。正常地表明心迹，领导是会理解的。最怕的就是心里不愿意也不和领导说，要么消极怠工，要么像那位仁兄一样，自己苦自己、苦出病来，连命都不要了。

当然，和领导说"不"也是一门学问。有时是由于时间和精力的原因，有时是由于对自己能力的认识，我们很想拒绝领导交办的工作，但碍于领导的面子和权威，我们不敢将"不"说出口。但不说的结果是非但工作做不好，还会给自己带来很多困惑，也会影响到公司的正常工作进展。所以，适时、巧妙地向领导说"不"确实很重要。其实，说"不"时只要掌握下面这几个大的原则，一般来说，结果还是良好的。

（1）先肯定再说"不"

不管是安排工作还是讨论工作方案，职场中先肯定、后否定的策略很重要。不管是下级对上级，还是上级对下级，都同样重要。这里有一个尊重的问题，会避免接受者的反感。在领导提出某项工作方案或人事安排时，先肯定领导的策略、方案的正确性，再提出自己的想法，然后再一次在肯定领导的基础上说出自己的"不"，这种拒绝的方式通常容易得到领导的接受。

（2）不要当着同事的面说"不"

除了讨论工作方案时，在领导对员工的工作安排上，一定不要当着同事的面对领导说"不"，这样的当面拒绝会让领导觉得你是不把他放在眼里，故意挑衅、让他颜面扫地。同时当面拒绝也暴露了自己的狂妄自大，容易让公司同事觉得你这个人很多事、不好合作，以后会故意疏远你。最关键的是，这种当着众人面的拒绝更易引起领导的逆反心理，使领导不接受或不能心平气和地听完你的方案或建议，对你甩下一句"爱干不干，干不了走人"，直接把问题搞僵。

（3）站在领导的角度学会换位思考

如果你对领导的安排原因不是很确定，对自己说"不"的后果也不是很确定，那不妨先别急，换位站在领导的角度想一想：他为什么要这么安排？或许让你做比别人更多的活儿是在考验你？再想想：假如我是领导，员工在这件事上以什么样的话或者方式拒绝，我会觉得比较容易接受呢？这样换位思考后，比较容易选出合适的语言或方式向领导说"不"，让这种拒绝变得有效而无害。

8. 如何说服领导改变自己的决议

领导的要求明明不合理，领导安排的任务明明就是强人所难，根本不可能完成，这种情况下如何伸冤才能让领导动了恻隐之心更改决策？方法是有的，只是技法上有要求。

先来看一个反面教材：

会议室，李强正和经理争吵不休。今天3号，按照惯例正在召开部门月度工作布置会议。

"这个指标我完成不了，经理你每天坐在办公室里，根本不知道我们在一线的辛苦。现在市场竞争这么激烈，新客户很难开发。你要求这个月实现业绩增长30%，这根本就不现实。"李强对于经理布置的本月工作任务很不满。

"为什么你完成不了呢？"经理问道。

"我人手不够。我带的三个业务员，钱可刚毕业没什么经验，老周和赵明不错，可赵明这个月18号就离职了。没有兵，你让我怎么打仗？"李强觉得这个理由很充分了。

"就这个原因吗？这是你的问题。怎么带新人，怎么降低老员工离职带来的业绩影响，是你这个做主管的应该考虑的事情。"经理说。

"我的问题？那经理你做什么？难道部门任务都是我们的事情？"李强不服。

"如果你觉得做不了，可以选择辞职。"

"辞职就辞职，照这样下去根本就没有法做了。"

"好，你可以离开会议室了，等会议结束后把辞职报告交给我。"

在反向领导上，李强失败了，最明显的标记是：他的目标结果——让经理接受他的建议——并没有实现。目标没有实现，说明行为有问题。

他错在哪里？可谓是错得一塌糊涂。从建议的时机到场合，再到说话的方式，他步步走错。

他选择了错误的建议时机。工作布置会议不是工作讨论会议，布置会议召开时，决议已经形成，此时提建议就是推翻原有的决议。没有人喜欢被别人说自己错了，上司更不喜欢下属说自己的决策是错误的。且工作会议场合是公众场合，在这样的场合指责上司错了，无疑是当众给了他一个耳光。上司在这样的情况下，很难接受建议，甚至连听建议的心思都没有，他唯一想到的事情是如何维护自己的权威。

他选择了错误的开场白。李强上来的第一句话就是："这个指标我完成不了，经理你每天坐在办公室里，根本不知道我们在一线的辛苦。"这是上来就给经理一棒子。在李强心里，自己这个经理根本就是个废物、蠢材！经理说："这是你的问题。"经理先前问他一句"为什么你完成不了呢？"并不是真的关心李强有什么困难，而是要李强说出理由，而后反驳这个理由，以证明李强是错的，不是他的建议是错的，而是他关于经理是"废物""蠢材"的观点是错的。

他选择了错误的建议方式。李强是以口头形式提出建议的，这个形式很不好。首先容易因语气、语调、身体语言等问题影响语言内容本身的信息传播。同样的话，以不同的语气方法说完全就是两个效果。说话人无意的一个动作，可能会干扰语言信息的传播，在接收人那里，可能进行了错误的"解码"，便会产生歧义。即便上司是个开明的领导，能够承认自己的错误，新决议也需要重新形成文字。这就可能无法在当时就形成新的决议，在新决议形成之前，可能会有新的变故而导致建议最终没有被接受。

他选择了错误的建议内容。其实李强根本就没有提建议，只提了意见。分析李强的话，他只说了"工作难""人手不足"等问题。他给出了问题而没有给出方案，因此经理说李强"这是你的问题"并没有错。经理关心的不是有什么困难，而是结果的实现，他能做的就是为困难的解决提供条件和支持。李强说了一堆的问题，偏偏就没说自己解决这些困难需要经理做什么。

李强该如何向经理提建议呢？

第一，选择好建议意见。不要在决议形成后再去向经理提建议，而应该在决策讨论时候或决策未公开前提建议，这样避免了经理推翻决策的面子问题。

第二，别在公开场合建议。有他人在场，经理依然存在一个面子问题。没有他人在场，李强提建议被经理理解为挑战权威的可能性会小一些。

第三，以书面的形式进行建议。制作一份类似申请书的书面材料，而后留出专门的批示处，列上抬头："经理批示"。这样，建议变成了申请，经理会觉得事情仍是他在决策，不会觉得被下属压制。同时由于是书面材料，避免了口头表达可能产生的歧义。而且，由于有专门的批示处，这样建议一定会得到反馈，无论经理是否同意，经理的意见也会反馈过来。李强可以根据反馈意见进行方案修改。

第四，组织好内容。李强之所以要向经理建议，无非是觉得这个月自己的业绩可能完成不了。但他不能直接和经理说："我完成不了。"因为那是李强的事情和经理无关。李强应该转换问题焦点，把业绩能不能完成转化为我需要什么样的条件。例如向经理要求更多的人手配置，之所以要求的理由是人手不够。这样的建议内容，通过书面的形式递交给经理，经理首先不会认为他是有意逃避工作责任。虽然经理不一定就会同意增派人手，但是关系，因为他已经知道李强那边人手不够，现在新市场开发工作有一定的困难，自然也会重新考虑给李强的业绩指标。

第五，给你的要求以足够的支撑。向经理提建议，不是说你想要什么别人就必须要接受什么的，关键是你要让经理明白为什么必须要求这些条件，这就需要你给出足够的论据来支撑，用数字说话。以李强为例，他应该在困难分析时，列出手下三个业务员最近几个月的业绩表现，以说明为什么钱可作用不大且赵明的离开将带来极大的影响。同时给出近几个月的业绩增长示意图，通过数字和图例直观地反映出近几个月的业绩增长幅度有多大。平均增长速度如何，30%的增长幅度是否可行等。

还以李强的遭遇为例，正确的做法应该是这样的，我们现场模拟一下：

李强根据自己的团队现状写好《关于申请增派业务员的报告》，来到经理办公室，"经理，我这有份申请报告，麻烦您批示一下。"说着，将写好的报告递上去。

经理拿过来看了一眼标题，明白是李强想要增派人手的申请。报告的开始，是目前李强所负责业务组的情况分析。几个表格，很清晰地反映出目前该业务组人手不齐的实际情况，同时几个业绩报表也反映出近几个月业绩增长情况。李强走后，经理拿出已经做好的业绩分配表。想了想刚才李强的报告，觉得这个月给李强制定"业绩增长30%"的目标似乎很难实现，再斟酌斟酌吧。

3号那天，经理在部门月度工作布置会上宣布："李强的业务组这个月的业绩增长目标是10%。"同时经理说："其他组比李强的组目标要多一些，李强组里的赵明18号就要离职了，而且钱可现在还需要锻炼和学习，所以就酌情少给一些任务。不过人力部门已经开始招聘新人了，等人手配齐后，就不会有这种情况了。"

其实，反向领导一点都不难，关键是有没有开动大脑。

9.　如何拒绝领导的加班要求

加班，占用了我们的私人时间，影响了我们正常的生活节奏，带来了身心的严重负荷，多数情况下，还得不到任何物质补偿。

周五下午，终于熬到下班时间了，某职员正收拾东西，准备离开办公室。这时，领导突然进门，把他叫住："有件事与你商量一下。这个星期六你能来公司加班吗？我知道你很爱玩，但公司刚接了一批急活，确实需要你的帮助。"

又要加班！职员本能地反感，就因为连续不断地加班，几个周末都没有休息，与女朋友的旅游计划不能兑现，两人关系有些紧张；与朋友们疏于联络，也引起他们的误解。爸妈已经打了无数个电话要他回家看看了，这个周末无论如何也不能再加班了，说什么都要休息，回郊区老家看看父母大人。

那么，怎样拒绝领导的加班要求呢？职员眉头一皱，计上心来。他爽快地答应："行啊，没问题。不过，领导您也知道，周末路上经常堵车，估计我得晚到一会儿。"

领导说："晚些来没关系，那么，你大概什么时候能到呢？"

职员轻声说："下周一。"

领导听了一愣，旋即又调整一下情绪，平静地说："这一段时间加班，你累得够呛，那你以后好好休息吧，下周一来把工资结一下。"

在这个案例中，职员本想通过幽默的方式拒绝加班，结果玩砸了。

加班对于上班族来说是司空见惯的事情，很多企业甚至将加班打造成了企业文化。这是一种非常不健康的职场形态，强烈建议各位打工的兄弟姐妹们联合起来抵制加班。如何巧妙地拒绝老板的加班要求呢？

（1）下班后，脚底抹油快点走

邻居张先生总被老板留下加班，爱人对此意见很大，甚至两口子为此事开战。说自己都是下班的时候临时被上司抓到的。那为什么不抓别人呢？他说因为别人都走了，他"撤退"的动作慢了，所以就被领导抓到了。其实大家一看就知道，张先生是个有拖延症的人，凡事总是慢慢腾腾。下班的时候，别的同事都是提前十分钟清理工作，提前五分钟关电脑，上厕所，洗洗喝水的杯子，一到点就走人，而张先生则慢得很，完全没有时间观念，都是看同事都走了他才反应过来下班了，然后和Q上的客户打打招呼，和领导发送个邮件拷个文件啥的，折腾折腾五分钟过去了。这时候上司从外面回来了，一进门就看到他在，也只有他在，就把他留下了，即使没工作要干，也会拉他闲扯上几句。这一扯，最少也得半个小时过去了。

若是他下班的动作麻利儿点，这一切就可以避免了，每天被领导占用半小时，一年下来得有多少时间被浪费掉啊？

（2）坦白向老板表明不想加班的态度

老板让你加班也是为了能够在规定的时间内完成工作，但是如果你的工作积极性不高、工作效率不高的话，即使加再多的班也难以在规定时间内完成工作量。不如向老板直截了当他表明态度。

（3）请求老板安排其他同事完成这项工作

工作都是由人来完成的，具体是由哪一个个体去完成并没有明确的规定，那么向老板请求其他同事完成这些加班任务，也未尝不可。但是这种做法很可能既得罪老板又得罪同事，慎用。

（4）编一个借口，搪塞过去

很多时候我们处理临时性加班都是编造一个借口，将加班任务推掉。但是在借口的选择上还是有一定技巧的。请记住"身体不舒服"、"心情不好"、"情绪不适合工作"要比具体的借口好得多。

（5）提前设置一个亲友意外来电

这也是常用的招数，不仅适用于推脱加班任务，其它的逃离场合也同样适用。只需要跟一到两个小伙伴说好，在某个时间段来电话，说什么什么急事必须要走。即使老板知道你是在骗他，他也没有理由拒绝。

（6）将加班的工作留给明天提前上班来做，但是要向老板说明

既然是在规定是时间内完成任务，那么我可以自行选择是加班还是提前来上班完成这个加班任务。向老板提出这个请求，不仅表明自己愿意努力加班听从他的安排，而且又能不耽误个人事务的处理，一举两得。

第五章

如何管理上司的情绪，
避免被他的脾气伤害

21世纪，撇开工作强度及薪金待遇等不谈，一个辛苦谋生的职场人面临的最大困扰可能是，随着竞争加剧，他们的领导脾气见长，动辄咆哮，令众下属战战兢兢及不知所措。即便你是打工皇帝，也依然逃不脱被上司唠叨、被老板咆哮的命运。因此，用什么样的心态、方式对待向上管理领导的情绪，是每一个职场人都必须认真考虑的问题。

1. 会发脾气的领导才是好领导

对于领导发脾气，大部分人很反感，无论如何，被领导当做靶子咆哮心里不舒服是一定的，也因此，人们往往对发脾气的领导厌恶至极，并给他们贴上坏领导的标签。相反，不发脾气的领导被视为好领导。

要想在情绪上成功反向管理，一定要放下这种偏见，不能武断地把爱发脾气的领导送入十八层地狱，把不发脾气的领导捧上云端，"爱发脾气"和"不发脾气"并不是判断领导好坏的唯一标准。

爱发脾气的领导有好的一面

我们发现许多爱发脾气的领导会表现出自恋、霸道的一面，这就有可能会伤害下属的自尊，打击下属的积极性和创造性，并且会给下属的心理健康带来很大的伤害。

但我们也发现一个十分有趣的现象，就是那些发脾气很凶的领导不仅会给组织带来良好的业绩，而且往往会培养出优秀的人才。杰克·韦尔奇曾被《财富》杂志评选为"美国十大最强硬的老板"之首。有人称他使用提问题的方式"批评"、"贬损"、"取笑"、"嘲弄"他的下属。但通用却被称为"人才机器"，有人估计在世界500强企业里，有170多位总经理是从通用中出来的，这与韦尔的培养是分不开的。理查德·尼克松对待下属更是粗暴无礼，他经常会用诸如"品行不端的私生子"、"懦弱"、"傻瓜"、"哑巴"等词语谩骂自己的下属。但他却为美国政府培养了众多的领导人才，这当中包括以后的总统（布什）；五位政府国务卿（亨利·基辛格、亚历山大·黑格、乔治·舒尔茨等）；五位国防部长（詹姆斯·施莱辛格、唐纳德·拉姆斯菲尔德等）；一位参谋长联席会议主席

（科林·鲍威尔）等。

这说明"爱发脾气"的领导不一定就是坏领导。

以下是小李自己亲身经历的故事。

我们刚刚离开不久的社长脾气很坏，除了少数几个她超级喜欢的人，对其他二十多个员工她都脾气超级不好，说话不动脑子，看不惯就不给好脸色，一顿训斥。我对她很反感。曾经因为她对我的稿件不满意批评过我几次，所以给我留下很差的印象。可是当她离职的时候，我们才知道她的好，才知道她为我们的业务员挡过很多集团高层的非难。比如去年底，集团高层要业务员上交新开发的客户名单，作为考核，若是新开发的客户不满五个，就会被扣罚奖金。是社长替大家说情没让大家填写。还有，业务提成比例上她也一直倡导要对业务人员多激励，平时的各项福利也是她为大家争取到的。去年单位效益不好，按照高层的意见是不给大家发年终奖的，可是在社长的争取下，还是给大家发了。

而新来的社长脾气很好，见人就笑，令我们意外的是，他刚来就把业务员该发的提成延期发放了。

不发脾气的领导有不好的一面

我们看到有许多不发脾气的领导表现出了很好的民主作风，尊重下属的意愿，发挥下属的优势，很好地发挥了群体的积极性和创造力，容易获得下属支持和认同。

但我们也发现有许多不发脾气的领导生怕得罪他人，一味地讨好他人，在与他人发生冲突时，在下属出现了错误时，习惯于忍让和迁就，这反而纵容了他人的无理要求和下属的错误行为。而且他们在冲突面前，不仅不愿意为自己"出头"，也不愿意为下属"出头"；在挑战面前，不仅自己难以把握机会，也很难以为下属创造机会。这样的领导是很难取得突出业绩的，也很难得到他人和下属的尊重，更难培养出优秀的人才，这实际上是缺乏责任感和道德感的表现。这就是孔子说的"乡愿，德之贼也！"

这说明不发脾气的领导不一定就是好领导。

有这样一个职场案例：

胡梅是某杂志总编，她脾气很好，对员工很温和，很体恤下属，从来不给员工施加工作压力，任务完不成就完不成，她不会做任何惩罚，即便是员工犯了错，她也不训斥。

在她的娇惯下，员工过着舒服的日子，没人催着赶着，导致的结果是杂志内容缩水，广告业务下滑，一本响当当的以内容为王的杂志失去了大量的读者，广告经营不善。到年底，裁员，不被裁的也降工资。更悲摧的是，那些被裁掉的员工，因为舒服惯了，能力下降，很难找到工作，即使有找到工作的也无法适应新单位的节奏。这时候大家才意识到领导管得那么松并不好——员工收入低、失业、低能。

会发脾气的领导是好领导

爱发脾气和不发脾气都有消极的一面和也有积极的一面。但我们应当清醒地看到：不发脾气的消极性远比爱发脾气的消极性要来得更严重。正如稻盛和夫曾经谈到的：经营者对手下的纵容娇惯只不过是"小善"。如果企业的经营者想要培养优秀的员工，就必须对其进行严格的要求，这才是真正的"大善"。

我们说会发脾气的领导是好领导。什么是会发脾气的领导呢？就是知道什么时候应该发脾气，什么时候不应该发脾气，以及为什么要发脾气，在什么时候什么场合发脾气，发脾气发到什么程度，发完脾气以后如何处理等。

我们常常告诫自己也告诫他人要"制怒"，但"制怒"的目的不是不发怒，而是有控制的发怒，该发怒时要发怒，不该发怒的时候不要发怒，要控制住发怒的"度"，不是由着自己的性子随意发怒。这就是中和之道。做什么事都不要只执一端，而不见另一端。"爱发脾气"与"不发脾气"是两端，只执一端必然会走向偏执，就会产生消极的影响，只有执其两端，才能产生积极的影响。我们要始终让自己站在两端之间，学会从两端之间寻找到正确的"道"。

2. 若领导是"臭美大辣椒"，别和他争奇斗艳

这个话题有点小众，但小众的问题也是问题，要想在职场上不翻船，就得严防死守滴水不漏。

大部分上司对下属穿得比自己高大上并不介意，但不排除有一部分小心眼子的上司对下属和自己撞衫耿耿于怀。而且这些小心眼子的上司并不仅仅局限于女性，在男性上司中也时有发生。

有一年在某文化公司任职时，有个男同事叫小潘，用北京话说，是一个特别得瑟的东北大男孩。这小兄弟人长得特帅，也爱穿衣打扮，还用面膜呢。每天都能看到他穿得深情款款、春风得意地来上班。

我都能想象得到他每天起床后挑选衣服的样子。一定是先站在镜子前面用充满了爱意的眼光欣赏一下自己，然后再打开已经塞满了衣服的衣柜，用比工作还要严谨十倍的态度一件件拣选自己今天上班的穿着。每天都跟要有求婚大典一样。我曾经把我的凭空想象向小潘求证过："你每天早上是不是这么行'选衣大礼'的？"小潘严肃地歪头想了想，然后回答："还真差不多。"小潘虽然得瑟，但是很实诚。

偏巧部门领导也是一个特别得瑟的人。但是领导得瑟，总是被人原谅的，或者说，是被人假装原谅的。这个领导很喜欢在穿名牌新衣服的时候

走到我们的办公室前，佯装要跟我们谈工作，其实我心里清楚，是想让我们品评一下他的衣着。

作为一个喜欢低调不吝赞美他人的人，我是不会让他失望的。我每次都先就工作问题进行认真地搭讪，然后充满赞赏地观察一下他上下身儿的衣服，这种观察不是敷衍式，要尽量能看出衣服的品牌，再虔诚地说："领导，您今天穿得这是XX牌子吧？真帅！"

说出牌子对领导很重要，因为他很关注品牌，特别想让人知道他其实浑身上下都是名牌，因此当我把品牌名字说出来之后，他就会很开心，拼命压制住浮上脸颊的得意笑容然后回答："嗯，我在国外买的，做工非常好。"一次谈话就圆满结束。

当公司里有个得瑟的同事和得瑟的领导时，血雨腥风的争奇斗艳是不可避免的。

领导其实也是个美男子，但岁月不饶人，他毕竟奔五的人了，而小潘风华正茂，这点让小潘在领导面前完全不得宠。有一次领导和小潘一起去校园招聘，回来之后我发现，小潘得瑟大发了，竟然和领导穿了一模一样的xxx西装！这其实也就算了，关键是穿得完全比领导有型和帅气！人事部的人见到我像见到救星一样奔过来，在我耳边耳语："真要命啊，俩人完全没能在学生面前体现出我们团结互助的团队精神来，你领导那个乌云压顶的气场……"

话还没有说完，领导已经怒气冲冲地走了过去，小潘则相当萎靡。

之后我去找领导谈工作，看到他还是怒发冲冠的样子，见到我就开始摇头。这一摇头，我就知道他要吐苦水了，于是我明知故问："您怎么了？今天校园招聘不顺利啊？"领导轻声一哼气，回答："你看到小潘今天穿什么了吗？"还没等我答复就迫不及待地紧跟着说："一个经理！完全不知道把自己的地位往哪里摆！"我想如果我告诉他：人事部的小姑娘觉得小潘穿阿玛尼完胜过他的话，估计还不气吐了血呀。

之后我去找小潘，他一脸黑线地对我说："今天领导怎么了，我说什么话他都呛着来，他哪根筋不对了啊？"我怜悯地看着他，坦白告诉他说："是因为你穿了和他一样的西服啊，关键是还比他穿得好看。"小潘听了吃惊地看着我："就因为这事儿？！""嗯，就因为这事儿。"

好在小潘还是听人劝吃饱饭的类型，当下在衣着上就收敛很多，领导对他的态度果然有了180度大转弯。

在公司里，低调行事是必要的，特别是当领导是个得瑟的人的时候，如果你胆敢跳出来和他争高下，那可惨了。可能有人觉得委屈，这哪里叫公平竞争呀？问题是，职场里所谓的公平竞争都是建立在双方没有偏见的基础上的，要是你穿得比他或者她美，让他或者她心里不痛快了，那就很难讲未来的竞争还公平不公平。

和领导撞衫是件很需要分寸的事情，心胸开阔的领导可能会对此一笑了之，遇到不那么大方的领导，大多数人就只能自求多福了。当时的一笑泯恩仇也不代表之后不会记在心里，在未知的将来点上那么一笔。所以，假如你的领导是个注重打扮重视外表的骄傲的爱臭美的"大公鸡"，你穿衣打扮可千万悠着点，别盖过他的风头。

3. 不矫情，相信领导其实是对事不对人

他是领导，仿佛天生拥有乱发脾气的权利；我是小兵一枚，仿佛理应只有受气的份。还有什么比这更抓狂的事？他存心和我过不去，这种领导好可恨，我真想手撕了他。

平时的工作生活中，万般绝望之时，你有没有这种恶毒的想法？

告诉你，这是一种受害者心理。要想改善上下级关系，一定要尽快摆

脱这种受害者心理。因为人一旦有了受害者心理，就会想得太多，看不清事实本来的面目，其结果是自己伤害自己。

笑笑是一家茶馆的茶艺师，茶馆一共有三个小姑娘，笑笑是最后去的一个，其他两个小姑娘一个叫岚岚，一个叫玲玲，都是老员工。笑笑和她们不同的地方还有一点，就是笑笑以前在其他茶馆工作过，有一定的工作经验，而岚岚和玲玲则是一张白纸开始，这是她们的第一份工作。

原本进这家茶馆时笑笑是有一定优越感的，她觉得老板应该对她更优待一些，因为她有丰富的工作经验。可是进来后却发现，老板好像最看不惯她，平时教训她的次数也最多，说她这也不对那也不对，而对岚岚和玲玲发脾气的次数就明显少很多。

笑笑是个敏感的姑娘，一开始觉得老板和她没眼缘，后来就产生了嗔怨，觉得老板是存心刁难她，变相地想辞退她。

有一天下午，店里只剩笑笑和一个老茶客，笑笑就和她诉苦，想听听他的意见。

其实作为一个老茶客，他早就注意到这一点了，但事情远不是笑笑所想的那样。他是这样为笑笑分析的：

第一，有一个不可忽视的客观事实是，这家茶馆的泡茶方法和笑笑之前所习惯的泡法完全不一样，之前她服务的茶馆都是教她湿泡法，就是把所有茶具放在茶海上，茶水可直接浇在壶身和茶宠上。而现在这家茶馆是干泡法，不用茶海，直接在红木茶桌上摆茶席，这样对技法和心法的要求无疑更高了一些。这样一来，笑笑先前的经验反而是她的羁绊，谁都知道，一张白纸更容易涂画，岚岚和玲玲就是一张白纸，她们的茶艺之路就是从这里开始的，属于"嫡系"，所以，老板要帮助笑笑矫正甚至是忘掉先前的泡法，指点她多一些，这是情理之中的事。

第二，在性格上来说，笑笑是比较认死理和倔强的，有时候明明是老板安排好的事，笑笑口上答应着记住了，可是在具体执行的时候出于思维定势还是按照自己的想法来，为老板招致很大的损失。而岚岚和玲玲则是执行力很强的员工，她们善于领会老板的意思，按照老板的要求行事，不会擅作主张。也就是说，老板批评笑笑并不是无事生非。你犯错的几率多，所以你挨批评的次数多，这也是自然的。

第三，通过老板的批评，笑笑的茶艺水平和个人能力有没有得到锻炼和成长？这一点很关键。笑笑很坦承地说她在这里学习了很多，老板品茶选器的水平的确是高，她耳濡目染也确实精进了不少。

第四，每次老板批评你后，会因为你先前的错误而记恨你吗？笑笑说从来没有，每次老板批评指正她后，都不忘记和她说一句"下次记得不要这样了啊"，然后就很快忘记这件事，一视同仁地对待她。

听了老茶客的分析后，笑笑马上意识到自己的错误，开始自我批评了，她说：嗯，自己做错了事，还不许领导批评指正，我简直人品太差了。而老板的人品真的很好，要不然店里也不会吸引这么多客人，好多老顾客都是冲着老板的茶品和人品慕名而来的。

放下了对老板的偏见，笑笑对她转恨为爱，越发觉得领导可爱了，她说："我觉得被一个水平和人品都很高的人指点是一种荣幸，我很感谢她。"

并不排除职场上确实有少数人品特差的领导，但绝大多数领导还是能力相当心智正常的，他们发脾气是一定有原因的，没人会吃饱撑的一天到晚没事找事拿员工当靶子练。很多员工对领导生了嗔怨，多数时候是出于受害者心理，因为员工本就处于弱势地位，比较敏感。他们往往对领导的态度和脸色过于在意，再加上有自我保护的本能，稍有风吹草动就容易想得多甚至夸大其词。当被领导批评的时候，他们首先想到的不是自己做得确实不对，怎么改正，而是从自我保护的角度觉得领导该宽容大度呵护保护，否则便有心理落差。可是，领导不是圣人，他肩负着比你大百倍千倍万倍的压力和责任，你所认为的一点小错有可能会令他全盘皆输。因此，领导也有领导的难处，和领导相处，容不得你太矫情，还是别那么敏感，皮实一点吧。既然咱有错在先，那领导批就批吧，千万别想多了挖深了。

克服受害者心理的障碍，下面三句话，当你因为领导的批评而耿耿于怀时，不妨试一下。

领导和你无冤无仇，没人愿意树敌。领导作为一个生意人，更不愿意招惹你。

还不都是工作闹得嘛，若不是这点工作关系，谁和谁都可以成为朋友。

自己做错了，就要担当，哪能不允许人家说几句？在家里犯懒了还会被家人吼呢。

4. 上司拿你当情绪垃圾桶，你该怎么保护自己

"情绪垃圾桶"是最苦逼的人间角色！明明是小张小王小李小赵的事，是和你无关的事，可是领导却找你叨叨个没完没了，像复读机一样，指责愤怒抱怨等等，那些负面的情绪像炮弹一样会把你摧垮。

当领导垃圾桶的危害性主要有如下三点：

第一，危害自己的身心健康。

本来心情好好的，结果听领导或同事说了一堆抱怨的话后，心情变得糟透了。你曾有过这样的经历吗？出于善意或被动，倾听安慰别人，结果，对方的烦忧竟落到你身上了。

因为别人的情绪，你自己的身心会受到困扰，如何解释这一现象？有一个有趣的"踢死猫"效应，描绘了一条清晰的愤怒传递链条。在该效应里，人的不满情绪和糟糕心情，会像食物链一样沿着等级和强弱组成的社会关系链条依次传递，由金字塔尖一直扩散到最底层。无处发泄的最小的那一个元素，则成为最终的受害者，即"猫"。若是领导偶尔找你诉说一

下生活和工作中的不如意，帮领导分忧解难是情理之中的事，你不应该反感。但若是领导不懂控制总是动不动就拿你当情绪垃圾桶，而且像复读机一样没完没了，你就要小心了，这会对你的身心健康造成严重伤害。他的坏情绪传染或转嫁给你后，你会染上"情绪病"，躯体出现失眠、头痛、心慌、胸闷、胃肠不适等症状。

第二，因为知情而危险。

谁都知道，在职场上知道领导和同事太多隐私不是好事，有可能会惹祸上身。你要知道，领导老找你谈心说事，势必就造成了你和领导走得太近的表象。这种表象会导致同事猜疑你、敌视你，觉得你是叛徒。还有，领导在情绪失控时给你说了不该说的话，事后他情绪平复冷静下来意识到这一点可能会后悔，为了避免后患，也有可能把你"铲除"。

第三，延误自己的工作进展。

若是情绪垃圾来自别人，你可以拒绝可以开溜，可比较无奈的是来自领导，他是你的核心，你的业绩和晋升都与他有着密切的关系，对于这样一个人，你要讨他欢心很是棘手。听着难受拒绝不得，该怎么办呢？

（1）他喷他的，你保持沉默，尽量不发言

无论他如何说如何骂，你善意友好耐心地听着就是了，当然有的领导喜欢寻求心理认同感会问你"你说是不是？"你就似是而非含糊其辞地应付一下就是了，千万别发表意见。

（2）装也是要装几分钟

既然领导找你倾诉了，无论是气昏了头还是出于对你的信任，你都要耐心真诚地听他唠叨几下子，千万不要露出不耐烦的神色。即使你装，也要装几分钟。

（3）不失时机转移话题剥离自己

听他说几分钟，看他再说还是那几句话了，你就要发挥聪明才智找个好时机转移话题，赶紧脱身。你可以你手头紧要的工作为话题，牵扯他。然后请示完毕就赶紧来一句："好，听您的，我尽快弄出来给你过目。"

这时候他十有八九会说："好的，你去弄吧。"这样你就可以溜之。

5. 如何避免上司对你的嫉妒

嫉妒是一种正常的情感体验，但如果发生在职场上下级之间，不仅会影响自身的工作效率，还可能会破坏人际关系和你的职场前途。作为上司，他要提拔你可能要费点劲，若是要"消灭"你，却不费吹灰之力。所以，在职场上既要好好工作努力奋斗，又要防止引起上司的嫉妒。

面对嫉妒，一不要抓狂，二不要恐慌，要保持清醒的头脑，分析领导对你嫉妒的原因。

"猴王心理"是人性弱点之一

嫉妒是人的本能，嫉妒心理源于人的猴王心理。我们每个人在一生下来，就都先天具有一种强烈的自我为尊的意识，即自己是"猴王"，是最重要的，是最强的。当有人把自己当成是最重要的人或自己认可自己是最强者时，人会表现出很喜悦、很安慰、很高兴的情绪。相反，当有人不把自己当成是最重要的人，自己也承认自己确实不如人时，人都会表现出自卑、伤心、不安、焦虑、烦躁以及恐惧等情绪，伴随而来的往往是痛苦。这就是说，猴王心理是与人的焦虑反应紧密联系，是能够让人有痛感，有负面情绪的。

当与自己处于同一领域的竞争者表现得十分卓越时，从你心底会反馈自己确实不是"猴王"的信息，就会马上挫伤"唯我独尊"的猴王心理。发现自己不如别人，发现自己不是最强的人，从而引发"羡慕嫉妒恨"。这就是上司之所以嫉妒你的心理根源。换句话说，是你的优秀让他自愧不如，从而产生了恐慌和不快。

改变认知 增强自信

不要抱怨和责怪"羡慕嫉妒恨"你的领导，反而应该感谢他们，调整自己的认知，不要认为自己吃了亏，受了莫大的委屈，所以忍气吞声，而是把这种境况当成一种历练，一种有利于自身成长的机会。连领导都"羡慕嫉妒恨"，表明你的"境界"和水平比他高。倘若对其"羡慕嫉妒恨"的言行加以回应，则正好符合了他们的心愿，把你从高处拉到和他们同样的水平。所以，要相信自己，不断提高自信心和宽容度。

当然，最重要的是要想好办法快速把上司心底的嫉妒情绪消灭掉。

如何铲除领导心底的嫉妒

最速效的办法当然是示弱认怂，培养他的优越感，给他造成你弱于他的错觉。为了达到这个效果你可以采用故意犯错法让他惩罚你一下。

小方是一家公司的员工，因为聪明能干，虽然工作时间不长但很受领导器重。不过，由于处处从大领导的思想出发，也得罪了部门同事和经理。因此，小方遭到了大家的议论和排挤，有好多人传言她把老板忽悠得服服帖帖，很快她就是经理了。这样的江湖传言更增加了经理对她的嫉妒。

这让小方很为难，明明就是自己工作能力强，业绩和数据报告都摆在那里，她和老板也没特殊关系，老板也没丝毫偏袒她。可是怎么就蒙上这种冤屈呢？优秀的人在很多方面都是优秀的，为了有效解决经理对她的敌视，小方想了这么一招，她故意将一些私人交际费用发票拿到财务处报销，财务人员很快发现了问题，向部门经理告状，说小方乱报销。部门经理趁机在大家面前批评了小方，自己痛快了，同事们也幸灾乐祸。他们并不知道这是小方故意这么做的。

通过这件事，同事和经理对小方的嫉妒心都减弱了不少。

小方采用了出错的方式来化解自己所遭到的嫉妒，这是一种很聪明的方式。小方作为新人，理应出些错误再慢慢成长，但小方的良好表现遭到了老员工的嫉妒，这也导致了传言的产生，而且这一传言还困扰到了领导，可以说小方处在很被动的境地。如果极力澄清，有越描越黑的危险，而犯一个无关痛痒的错误，刚好可以化解众人嫉妒的情绪。

但需要注意的是，所犯的错误不能影响到正常的工作，也不能故意犯一些原则上的错误，不可为了化解嫉妒而毁了自己的职业前途。

除了用出错的方式来化解嫉妒，还可以采用博取同情的方式。比如你可以向公司里的"小喇叭"抱怨自己家庭、生活上的不顺利，让同事和上司觉得你并非完人，也有不为人知的隐情。单身的女白领可以抱怨找不到男朋友，已婚女白领可以抱怨丈夫懒惰等问题。这样经小喇叭一传播，即使无法立刻博得同事的同情，也可以缓和一些办公室的嫉妒情绪，不会再处处针对你。

当然，你还可以辅助使用以下方法：

走情感路线，用真情感化领导。对上司的嫉妒，不要针锋相对，而应平心静气，充分施展自己的人格魅力，进行人格感化。人心都是肉长的，上司会从中感受到你的人品善良，正直可靠，会自觉放弃以前嫉妒心理，双方关系融洽了，工作效率更佳。

服从领导。恃才傲物、倚才轻上，对上司说三道四，不服管教是某些才子的通病，针对这样的人，上司自然欲除之而后快，因此化解纷争，服从领导，尊重上司，处处从小事做起，天长日久，上司觉得你没野心，双方矛盾自然化解。

分享利益。引起上司的嫉妒，可能是因为作为他手下的你取得了他得不到的某种利益及好处，受到冷落，面子挂不住。这时就需要你有舍得分享功劳的勇气，给上司某种心理补偿，让他得到平衡，如听得最多的莫过于"在××的指导下，我取得了成功……"就是这个道理。

逃离是非。喜欢给你小鞋穿的顶头上司因渊源关系或将永远盘踞在你头上时，你最好的办法就是逃离是非之地，寻求就业第二春；采取熬的办法，无异于浪费青春及宝贵的就业机会。

6. 如何打消上司对你的猜忌

下属在工作时，有时会遇到比较多疑的领导，如有的心胸狭窄，有的好猜疑，有的爱计较，其共同特点是：对下属的一言一行特别多疑。在这样的领导下当差，下属得处处小心谨慎，懂得相处的技巧，否则很容易招致领导的猜疑，引起领导的误解。那么，怎样才能与多疑的领导和睦相处呢？

第一，坦诚相待，切忌"打埋伏"。

真诚是融洽关系的法宝，信任是减少误会的良方。领导疑心重，下属在与其相处时一定要做到坦诚相见，心怀坦荡，不卑不亢，不"打埋伏"。从某种意义上说，领导多疑是对下属不够信任的一种表现，这就要求下属在与多疑的领导相处时恪守真诚、坦率的原则，推心置腹，敞开心扉，以心换心，在感情上贴近领导，在工作上支持领导，在生活上关心领导，在思想上尊重领导，注意维护领导的权威，用诚心和坦荡打消领导的猜疑。多疑的领导最忌讳下属"留一手"，最反感下属耍"两面派"，最讨厌下属搞"小动作"。因此，下属与多疑的领导打交道，还要光明磊落，不可耍小聪明。无论领导的能力、为人如何，下属都不能说三道四，散布领导的"流言蜚语"。那种虚情假意、玩弄手腕的下属，一旦被领导识破，或者传到领导的耳朵里，势必会引起领导的猜疑和反感。多疑止于透明，在多疑的领导面前，下属要尽量做到办事公开，不能遮遮掩掩。尤其在处理与自己的领导和其他领导的关系上要一视同仁，不能背着领导偷偷摸摸，亲此疏彼，以避免领导的猜疑。

第二，勤于沟通，减少"多疑源"。

多疑最容易产生误会，而及时有效的沟通、交流则是避免误会的良方。遇到多疑的领导，当下属的要勤接触、巧沟通、多汇报，善于"打开窗户说亮话"。有些下属对于多疑的领导采取敬而远之的态度，存有戒备之心，除工作接触外，平时很少与其交流思想感情，偶尔接触也是虚与应付，难以推心置腹，这样愈发容易引起领导的猜疑。对此，下属要主动找领导汇报自己的思想工作，以便让领导对自己有一个全面客观的了解。有些下属因为领导多疑，而拒绝与领导往来，遇事也不愿意向领导汇报，甚至自作主张，自行其是，这是极其错误的。当上下级之间关系不够融洽时，不论责任在谁，当下属的都应主动找领导沟通。是下属的问题，下属要利用一切机会向领导承认错误，表明态度，以求得领导的谅解；属于领导的问题，下属也不能流露不满情绪，而是要抱着宽容之心，一如既往地支持领导，以赢得领导的信任。这样上下级之间出现误会的几率就会大大降低，下属要尽量与多疑的领导处好关系。这里说的处好关系不是指阿谀奉承、讨好卖乖，无原则地迎合领导，而是提倡建立良好的工作关系，培养个人感情。下属与领导之间建立的不应仅仅是上下级关系，还应该有朋友关系。

第三，尊重理解，"补台"莫"拆台"。

有些下属对多疑的领导看不惯，于是思想上不够重视，工作上不够配合，感情上有意疏远，甚至与领导离心离德，背后拆台。这都是极其有害的，越是多疑的领导，下属越要注意自己的言行，尊重领导，维护领导的声誉，以减少领导的猜疑；要服管，听从调遣，维护领导的权威；要支持，全力以赴配合领导搞好工作，多替领导谋划、解难。特别是领导对自己有成见时，下属更应该沉住气，不能在工作上撂挑子，我行我素，不服管理，不把领导放在眼里。其实，领导多疑并不意味着领导的品质有问题，有的纯粹是性格上的缺点。因此，下属要学会忍耐领导的"神经质"，忍受领导的无理批评，以一颗宽容之心去感化多疑的领导。此外，下属还要观察领导对于什么事情比较多疑，摸准领导的脾气，了解领导的作风，把握领导的思路，熟悉领导的性格，努力适应多疑领导的思维方式和领导风格，使自己尽量与领导的工作思路合拍。

第四，求田问舍，让他看透。

这个道理我们通过一个故事来说明。这个故事，是关于战国末期秦国老将王翦的。

秦攻楚。秦王请老将出山。老将军率大军50万，远征途中不天天想打仗的事，而是接二连三地写信向秦王要田、要地、要房子。搞得下属一个劲儿地劝："多寒碜人呀，您老这么计较不是让朝臣笑话吗？"王翦说："别人笑话不笑话不打紧，秦王高兴就行。我带着举国之兵出来，秦王最担心的就是别搞出什么内外勾结、另立山头儿的事。我这样做是表明无反叛之意，让秦王放心。"后世将这种做法称为"求田问舍"，讲的是如何避免上级猜忌的韬晦之策。

作为现代职场的一名员工，当然不能天天向领导要待遇，但必须意识到：在强势上级面前，自己也表现出强势状态是很危险的。如果你的上级是强势的，那么无论他是否正确，你都应该通过示弱来配合。而不是非要比出谁是"强中更有强中手"，来一次火星撞地球。

7. 被上司误解时，如何伸冤

做人难，做人的部下更难，做几个人的部下则是难上加难。有时往往不经意的时候开罪了某位领导而我们自己却浑然不知，等到弄明白是某位领导误解了我们的时候已经为时晚矣。

大庆在五年前还是基层车间的一名钳工。后来厂宣传部调来了一个姓方的部长见大庆文笔不错，便顶着压力将大庆调进了宣传部当了宣传干事。从此，大庆对方部长的知遇之恩一直铭记在心。两年后，大庆在厂办当了秘书，成了厂办王主任的部下，精明的大庆很快就得到了王主任的喜欢。

没过多久，大庆忽然感到方部长和他渐渐疏远了。一了解，才知现在的领导王主任和从前的领导方部长之间有私人恩怨，因而，方部长总是怀疑大庆倒向了王主任那边。

其实，引发方部长对大庆误解的"导火索"很简单：在一个雨天，大庆给王主任打伞，没给方部长打伞。这还是很久以后方部长亲口对大庆说的，而事实上大庆从后面赶上给王主任打伞时，确实没有看见方部长就在不远处淋着雨，误解就此产生了。

一气之下，方部长在许多场合都说自己看错了人，说大庆是个忘恩负义的人，谁是他的上级，他就跟谁关系好。大庆其实根本不是这样的人，他也浑然不知发生的这一切。直到方部长在人前背后说大庆的那些话传到大庆耳里，大庆才感到事情的严重性。

对此，大庆自有他的处理原则：

一是让时间做公证。

正所谓"路遥知马力，日久见人心"，方部长在气头上说自己是忘恩负义的人，一定是自己在某一方面做得不好，现在向方部长解释自己不是那样的人，方部长肯定听不进去，自己到底是个什么样的人，还是让事实来说话，让时间来检验吧！

二是遵循"解铃还须系铃人"的法则。

方部长误解了自己，还得自己向方部长解释清楚，自己既是"系铃人"也是"解铃人"，要化干戈为玉帛，还要靠自己用心努力去做才行。

有了解决问题的原则，大庆采取了以下六个方法努力消除方部长对他的误解：

1．极力掩盖矛盾。

每当有人说起方部长和自己关系不好时，大庆总是极力否认，说根本没有这回事，他不想让更多的人知道方部长和自己有矛盾。大庆此举的目的是想遏制事态的扩大，这更利于缓和矛盾。

2．公开场合注意尊重领导。

方部长和大庆在工作中经常碰面，每次大庆都是主动和方部长打招呼，不管方部长爱理还是不理，大庆脸上总是挂着微笑。有时因工作需要和方部长同在一桌招待客人，大庆主动向客人们介绍他是方部长一手培养起来的，十分感激方部长。大庆此举的目的是表白自己时刻没有忘记方部长的恩情。

3．背地场合注重褒扬领导。

大庆深知当面说别人好不如背地褒扬别人效果好。于是，大庆经常在背地里对别人说起方部长对自己的知遇之恩，自己又是如何感激方部长。当然，这些都是大庆的心里话。如果有人背地里说方部长的坏话，大庆知道后则尽力为方部长辩护。大庆此举的目的是想通过别人的嘴替自己表白真心，假如方部长知道了大庆背地里褒扬自己，肯定会高兴的，这样更有利于误解的消除。

4．紧急情况"救驾"。

平时工作中，大庆若知道方部长遇到紧急情况，总是挺身而出及时前去"救驾"。如有一次节日贴标语，方部长一时找不到人，大庆知道后，主动承担了贴标语任务。类似事情，大庆一直是积极去做。大庆此举的目的是想重新博得方部长好感，让方部长觉得大庆没有忘记他，仍是他的部下，有利于方部长心理平衡，消除误解。

5．找准机会解释前嫌。

待方部长对自己慢慢有了好感以后，大庆利用同方部长一同出差外地开会的机会，与方部长很好地进行了交流。方部长最终还是被大庆的诚心打动，说出了对大庆的看法以及误解大庆的原因———"雨中打伞"的事。

大庆闻听再三解释当时自己真的没看见方部长，希望方部长不要责怪他。方部长也表示不计前嫌，要和大庆的关系和好如初。大庆此举的目的是利用单独相处机会弄清被误解的原因，同时让方部长在特定场合里更乐意接受自己的解释。

6. 经常加强感情交流。

方部长对大庆的误解烟消云散之后，大庆不敢掉以轻心，而是趁热打铁，经常找理由与方部长进行感情交流。或向方部长讨教写作经验，或到方部长家和他下棋打牌。久而久之，方部长更加喜欢这个昔日部下了。大庆此举的目的是通过经常性的感情交流增进与老领导之间的友谊。

功夫不负有心人。在大庆的不懈努力下，方部长对大庆的误解彻底没有了，反倒觉得以前说的话有点对不住大庆。从那以后，方部长逢人就夸大庆好样的，两人的感情与日俱增。

大庆为自己有效平反的案例很典型，所谓他山之石可以攻玉，细细琢磨其间细节，每个人都会从中受益。

8. 领导大发雷霆时你如何自我息怒

如果哪天领导心情不好发脾气，此时的你一定要想办法应对。

那天下午刚上班，小朱还没走进老板的办公室，就听见老板在屋子里咆哮："你们这些人是怎么回事？哪有你们这么办事的？一个个都是饭桶！"

小朱小心翼翼地敲了敲老板的房门，过了一会儿，听见老板高声说："进来！"

小朱进了老板的房间，看见几个同事正垂头丧气地站着挨训。

看见小朱，老板仍然没好气："你怎么现在才来？你们可以走了！"几个同事赶紧离开了房间。

凭她的经验，这次被老板召见是凶多吉少。果然，老板拿出小朱昨天交的企划案，啪的一声摔在桌子上："你写的这是什么玩意儿？连客户的基本情况都没有搞清楚！还有这个地方、这个地方！这么写合适吗？啊？"

小朱不敢申辩，只好低着头听老板训斥。老板训了多长时间她不知道，直到听到老板说："出去吧！"她这才一溜儿小跑回到办公室。

回到自己的座位上，小朱心里委屈极了，她的企划案明明是周一开会的时候按照老板的要求写的，但是现在却被他挑剔得一文不值。老板怎么也不顾及自己是个女孩子？就这么一点脸面也不给她留？小朱越想越觉得难受，到了午饭时间，小朱也没有心思吃饭。一连好几天，小朱都在老板的黑色情绪感染下垂头丧气。

在工作中，难免和上司有冲突，或是因为一个方案，争吵得面红耳赤，或是因为他给你小鞋穿等等，在遭遇这些不平的时候，我们该如何为自己解围？

领导发怒只是一种宣泄，不是针对你

其实在心理学上，愤怒常常是内心力量的体现。领导们一般都是力量型的人，这样才能独当一面，所以他们一般都比较强势，比较坚强，不容置疑。当他们遭遇挫折时，会以一种比较极端的方式表现出来。

小朱在老板的愤怒之下，将老板的愤怒看成是指向自己一个人的。其实，小朱只是老板发泄愤怒的一个对象而已。老板有可能是在外面遇到了一些压力，也可能是在处理家庭关系上出现了一些问题。总之，不要以为老板的情绪是因为自己引起的，因为你对于老板来说，可能还没有那么重要。老板不能对着客户发火，也不能到大街上去发火，公司是他掌控下的安全地带，所以他最有可能选择这个安全地带来发泄情绪。

领导发怒时你该做什么

学会察言观色，当你发现老板已经有发火的迹象，只要不是必须要找他，就避开风头吧，也许明天他就恢复如常了。

如果不巧你成为老板的发泄对象，在他发火时千万不要顶撞和争辩，越是解释越容易引发他的怒火。

千万不要认为老板发火了就会炒你鱿鱼。如果人人都在被老板骂之后就辞职，那公司可能早就没有几个人啦！

自我息怒的技巧

学会自我息怒，才不会影响工作和上下级之间的感情。这里列举四个自我息怒的好办法：

（1）平心静气

美国经营心理学家欧廉·尤里斯教授提出了能使人平心静气的三项法则："首先降低声音，继而放慢语速，最后胸部挺直。"降低声音、放慢语速都可以缓解情绪冲动，而胸部向前挺直，就会淡化冲动紧张的气氛，因为人情绪激动、语调激烈的人通常都是胸前倾的，当身体前倾时，就会使自己的脸接近对方，这种讲话姿态能人为地造成紧张局面。

（2）闭口倾听

当别人的想法你不能苟同，而一时又难以说服对方时，请闭口倾听。

英国著名的政治家、历史学家帕金森和知名的管理学家拉斯托姆吉，在合著的《知人善任》一书中谈到："如果发生了争吵，切记免开尊口。先听听别人的，让别人把话说完，要尽量做到虚心诚恳，通情达理。靠争吵绝对难以赢得人心，立竿见影的办法是彼此交心。"愤怒情绪发生的特点在于短暂，"气头"过后，矛盾就较为容易解决。

闭口倾听，会使对方意识到，听话的人对他的观点感兴趣，这样不仅压住了自己的"气头"，同时有利于削弱和避开对方的"气头"。

（3）交换角色

卡内基梅伦大学的商学教授罗伯特·凯利，在加利福尼亚州某电脑公司遇到一位程序设计员和他的上司就某一个软件的价值问题发生争执。凯利建议他们互相站在对方的立场来争辩，结果五分钟后，双方便认清了彼此的表现多么可笑，大家都笑了起来，很快找出了解决的办法。

在人与人沟通过程中，心理因素起着重要的作用，人们都认为自己是对的，对方必须接受自己的意见才行。如果双方在意见交流时，能够交换角色而设身处地地想一想，就能避免双方大动肝火。

（4）理性升华

电视剧《继母》中，当年轻的继母看到孩子有意与她为难而恶作剧时，一时气愤难忍，摔碎了玻璃杯。但她马上意识到进一步冲突的恶果，想到了当妈妈的责任和应有的理智，便顿然消除了怒气，扫掉玻璃渣片并主动向孩子道歉，和解了关系。当冲突发生时，在内心估计一个后果，想一下自己的责任，将自己升华到一个有理智、豁达的人，就一定能控制住自己的心境，缓解紧张的气氛。

9. 与上司发生冲突后该怎么补救

在工作中，上下级之间难免发生一些不愉快的事情，产生一些摩擦和碰撞，引起冲突。这时候，作为下属如果处置不当，就会加深鸿沟，陷入困境，甚至导致双方的关系彻底破裂。那么，一旦与上司发生冲突后怎么办？常言道："冤家宜解不宜结"，通常情况下，缓和气氛，疏通关系，积极化解，才是正确的思路。具体来讲，主要有以下一些方式方法：

引咎自责，自我批评

心理素质要过硬，态度要诚恳，若责任在自己一方，就应勇于找上司承认错误，进行道歉，求得谅解．如果重要责任在上司一方，只要不是原则性问题，就应灵活处理，因为目的在于和解，下属可以主动灵活一些，把冲突的责任往自个身上揽，给上司一个台阶下．人心都是肉长的，这样人心换人心，半斤换八两，极容易感动上司，从而化干戈为玉帛。

丢掉幻想，主动搭腔

不少人都有这样的体验，即当与对方吵架之后，有时候谁见了谁也不先开口，实际上双方内心却都在期待对方先开口讲第一句话。所以，作为下级遇到上司特别是有隔阂后，就更应及时主动地搭腔问好，热情打招呼，以消除冲突所造成的阴影，这样给上司或公众留下一种不计前嫌、大度处事的印象。不要有侥幸心理，见面憋着一股犟劲不搭腔不理睬，昂首而过，长期下去就会旧疙瘩未解又结新疙瘩，矛盾像滚雪球般越滚越大，势必形成更大的隔阂，此时再想和好就晚了。

不与争论，冷却处理

当下属与自己的上司发生冲突之后，作为下属不计较，不争论，不扩散，而是把此事搁置起来，埋藏在心底不当回事，在工作中一如既往，该汇报仍汇报该请示仍请示，就像没发生过任何事情一样待人接物。这样不揭旧伤疤，随着星移斗转，岁月流逝，就会逐渐冲淡，进而忘记以前的不快，冲突所造成的副作用也就会自然而然消失了。

请人斡旋，从中化解

找一些在上司面前谈话有影响力的"和平使者"，带去自己的歉意，以及做一些调解说服工作，不失为一种行之有效的策略。尤其是当事人自己碍于情面不能说、不便说的一些语言，通过调解者之口一说，效果极明显。调解人从中斡旋，就等于在上下级之间架起了一座沟通的桥梁。但是，调解人一般情况下只能起到穿针引线作用，重新修好，起决定性作用的还是要靠当事人自己去进一步解决。

避免尴尬，电话沟通

打电话解释可以避免双方面对面的交谈可能带来的尴尬和别扭，这正是电话的优势所在。打电话时要注意语言应亲切自然，不管是由于自己的鲁莽造成的碰撞，还是由于上司心情不好引发的冲突，不管是上司的怠慢而引起的"战争"，还是由于下属自己思虑不周造成的隔阂，都可利用这个现代工具去解释。或者换个形式利用短信的方式去谈心，把话说开，求得理解，形成共识，这就为恢复关系初步营造了一个良好的开端，为下一步的和好面谈铺开了道路。这里需要说明的是此法要因人而用，不可滥用，若上司平时就讨厌这种表达方式的话就应禁用。

把握火候，寻找机会

就是要选择好时机，掌握住火候，积极去化解矛盾。譬如：当上司遇到喜事受到表彰或提拔时，作为下级就应及时去祝贺道喜。这时上司情绪高涨，精神愉快，适时登门，上司自然不会拒绝，反而会认为这是对其工作成绩的同享和人格的尊重，当然也就乐意接受道贺了。

宽宏大量，适度忍让

当与自己的上司发生冲突后，运用这一方法就要掌握分寸，要有原则性，一般来讲在许多情况下，遇事能不能忍，反映着一个人的胸怀与见识。但是，如果一味地回避矛盾，采取妥协忍让、委屈求全的做法，就是一种比较消极和压抑自己的奴隶行为了，而且在公众中自身的人格和形象也将受到不同程度的损害。正确的做法是现实一些，肚子要大，宰相肚里能撑船，不要小肚鸡肠，斤斤计较，既然人在屋檐下，就应夹起尾巴做人，不妨暂时先委屈一下自己，适度地采取忍让的态度，既可避免正面冲突，同时也保全了双方各自的面子和做人的尊严。

10. 智慧的员工会把上司的批评当做腾飞的云梯

人在职场，被老板训斥是最窝火不过的事：批评对了，也有满腹委屈；批评错了，更是怒火万丈。嘴巧的，还能回赠老板一些理由；嘴笨又胆小的，只有频频点头，灰溜溜逃走的下场；嘴巧恃才却也辩不过老板，除了背后大骂，还会萌生去意。被老板批评真的就是如此倒霉吗？换个角度，事情完全不是这样。一个明智的下属，会如何对待老板的批评呢？

英国学者利斯特曾说过："我能想象到的人的最高尚行为，除了传播真理外，就是公开放弃错误。"是的，错误并不可怕，批评也不可怕，关键在于你怎样去认识它们、对待它们。从错误中吸取教训，从批评中汲取营养，这样，你就会逐步走向成熟，走向成功。

站在大局的高度看待批评

在组织系统中，领导对下属有着法定的监督、控制、指导等权力。当下属出现与组织的统一运作相背离，或不协调、有误差的行为时，领导有责任对其进行批评指正，这是勿庸置疑的。如果任其而为，那就是领导的失职。他就会因此而受到更上一级领导的批评、惩处。所以说，领导是在履行职责，对事不对人。作为下属应当具有这种起码的组织观念，被批评时不应有领导故意找自己的茬，跟自己过不去的想法。这种想法不但于改正错误无益，还会形成抵触情绪，影响与上级的正常工作关系和感情。

站在老板的角度转换批评

当上级批评自己时，如果感到难以接受，这时换个位置，设身处地地从领导的角度考虑一下：如果我是领导，会怎样对待犯了这种错误的下属？能够丧失原则、放任自流、姑息迁就吗？这样一想，往往就会心平气和了，就会正视自己的缺点错误了。只是局限于自我的角度考虑问题，常常会感情用事，陷入狭隘、偏执、片面的泥潭难以自拔。实际上，对于许多问题的思考，适时转换思维角度，会进入别有洞天、豁然开朗的境界。

别过于计较批评方式

英国学者帕金森说："即使在私下，不破坏和谐融洽气氛与亲密合作的批评都是很难做到的。"批评确实是件不容易掌握的事情，既要对方认识到错误的危害性，又要做到不伤其自尊，欣然接受之，还要以此增进双方的信任感，往往很难同时做到这一切。由于每个领导的工作方法、修养水平、情感特征各不相同，对同一个问题的批评方式就会表现出明显不同的差异。和风细雨式的批评好接受，而疾风骤雨式的批评就让人难以忍受。然而，作为下级，不可能去左右上级的态度和做法。应当认识到，只要上级的出发点是好的，是为了工作，为了大局，为了避免不良影响或以免造成更大的损失，哪怕是态度生硬一些，言辞过激一些，方式欠妥一些，作为下级也要适当给予理解和体谅。

急于推卸责任，效果适得其反

美国学者戴尔·卡耐基通过多年的观察、研究表明，"任何教训、指责，都会使人感到伤了自尊而处于自我防卫状态，并且往往会激起他极大的反感，促使他竭力为自己辩解。"在挨批评时想要为自己辩解是人之常情，但一开始就急于为自己辩白、解脱，结果会适得其反，给上司以避重就轻、逃避责任的印象。恰当的做法是：接受批评，并积极着手解决造成的不良后果。之后，当上级进一步调查原因时，认真配合，逐步搞清真相。这样，你该承担什么责任，他人该承担什么责任，什么是客观不可避免因素，终会有个公正的结论。

知错就改有转机

从错误、失败中汲取教训，及时改正，这样的下属会很快得到领导的谅解和尊重，以及同事的赞许。据心理学家观察，当人们看到犯了错误的人痛心疾首、懊悔自责的态度，并且竭尽全力去改正时，大都会因此而生恻隐之心，减轻对其错误的谴责和反感心理，同时还会给予热情的关注和由衷的帮助。这样一来，也许会成为你人生转折的一个契机。

把怨气变成动力重整旗鼓

犯错终归不是件愉快的事情，所以多数人的反应是悔恨不已。尤其一些性格内向、自尊心过强、敏感多疑、对挫折耐受力低的人，会把问题看得过于严重，担心别人会看不起自己，领导今后也会用"有色眼镜"看待自己，前途无望，从此一蹶不振。如果你是属于这种类型的人，可以尝试着从以下几个方面调整心态：

回溯动因。自己确实不是有意而为，上级和同事也已经明了这一点，这样想往往心理上就会轻松、宽慰一些。

在与他人的参照比较中，求得自我原谅。人无完人，伟人也会犯错误，何况自己乃一介凡人。这样心里就会平衡一些，坦然一些。

不要把自己看得过于重要，以为别人都在注意你。实际上，每个人都有着以自我为中心的生活领域，是不会为那些与己无关的事过多操心的。你不是也如此吗？

把这次过失作为一次接受教训、磨练意志的机会。勇敢地面对它，深刻地反省自己，重新振作起来，力争做一个生活中的强者。

争取领导和同事们的谅解和帮助。把批评看作是对自己的关怀和提醒；主动与领导和同事们交流思想、征求意见，会使他们尽快地改变对你的看法，重塑自己在他们心目中的形象。

第六章

大树底下好乘凉，
如何"抱紧上司大腿"

作为一名职场人士，你是否知道，是谁在左右你的前途和命运。

是你的领导。

如果你不懂怎么样处理好和领导之间的关系，领导对你就没有什么好印象，随之你在职场就会被边缘化；一旦被领导边缘化，同事和客户更会将你边缘化，你最后变成孤家寡人，在职场上没有任何前途可言。

因此，在现代职场，不管你适不适应，你都得遵守它现有的规则，处理好和领导之间的关系。从某种意义上说，领导永远是一把好用的"梯子"，就看你能不能抱紧这把"梯子"的两条腿。

1. 提意见要把话说到领导心窝里

　　小李是一家比较知名网企的总经理助理。他的顶头上司王总是搞学术、技术出身，由于工作重点长期落在研究开发领域，因此对企业管理依然一知半解。出于对技术的钟情与依恋，王总直接插手技术部门的事，把管理的层级体系搞得乱七八糟，其他部门虽然表面上敢怒不敢言，但私下里无不怨声载道，让小李与其他部门沟通协调备感吃力。如何提醒王总认识到自己的不足之处呢？经过思考，小李决定采用兼并策略，向王总建言倡行。他对王总说，真正意义上的领导权威包含着技术权威和管理权威两个层面，王总的技术权威牢固树立，而管理权威则有些薄弱，亟待加强。

　　王总听后，若有所思。小李巧妙地兼并了王总的立场，结果获得了成功。后来，王总果然越来越多地把时间用在人事、营销、财务的管理上，企业的不稳定因素得到控制，公司运营进入了高速发展状态，小李的各项工作也顺风顺水，渐入佳境。

　　从小李的经历我们可以得到很好的启发：兼顾上司的立场，的确不失为向上司提意见的上等策略，因为这种方法可以把话说到领导心窝里，他们听起来不别扭，很容易接受。

　　首先，它没有排斥上司的观点，而是站在上司的立场上，最终是为了维护上司的权威，出发点是善意良性的。

　　其次，这种策略是一种温和的方式，能够充分照顾上司的自尊，易于被上司接受，效率较高。

　　最后，它需要很强的综合能力，需要很高的社会修养，并且能够针对不同情况，不断提出有效的兼顾上司立场的意见，久而久之，自己个人的领导能力亦会迎风而长，甚至来一个飞速提升。

在工作中，怎样把话说到领导的心窝里是一门艺术。有些上司自恃头脑聪明，交际广泛，或者背景深厚，往往认定自己是一个了不起的人物。对于这样的上司，你可以适度恭维。由于他们喜欢旁人对他歌功颂德，反感对其批评指责，甚至厌恶那些对他们的"功"、"德"毫无反应的人，所以，对他们不恭维不好，恭维过度也不好。所以在恭维时，要找准确实需要增光添彩的"闪光点"，最好郑重地讲给第三者听。这种恭维，不管是当着上司的面，还是在上司的背后讲，都能起到很好的效果。有的上司对下属要求非常严格，一旦发现下属存在缺点，就会对其毫不客气地批评指正，甚至一点也不照顾下属的面子。对于这样的上司要心怀崇敬，不可因为受到批评，包括不公正、不合理的批评，而对上司心存不满。如果误解了上司的批评，就等于把"宝石"当成了"石头"。心怀崇敬，就是要觉得上司是非常高大的人，是值得尊敬的人。这样在与上司的相处中，一定会让上司感到高兴，一定会让自己得到益处。

你一定要记得兼顾上司的立场，把那些"意见"转化为"建议"。在适当的时候向你的上司提几点"建议"，它不仅包括了你所要提出的意见，而且指出了解决问题的方案。注意以下几个问题，它们直接影响你建议的效果：

首先，选择适当的时机，这里主要照顾到你上司的心情。请记住他也是个普通人，当公务缠身、诸事繁杂时，他未必有很好的耐心随时倾听你的建议，尽管它们极具建设性。

其次，关注对方，恰当举例。谈话时应密切注意对方的反应，通过他的表情及身体语言所传达的信息，迅速判断他是否接受了你的观点，并视需要而适当举例说明，以增强说服力。

最后，态度诚恳，言语适度。注意说话的态度和敬语的运用，恰到好处地表达出你的意思。由于你的坦率和诚意，即使对方不完全赞同你的观点，也不会影响到他对你个人的看法。

你要尽量让自己的建议占用较少的时间，最好一分钟结束，这样才不会引起上司反感。如果你能在一分钟内说完你的意见，他就会觉得很愉快，而且如果觉得"有理"，也比较容易接受。反之，倘若他不赞同你的意见，你也不会浪费他太多的时间，他会为此感谢你。如果想再具体界定一下的话，那么最好将你的语速保持在每分钟300个字的标准，比这个标准慢就显得过于缓慢。

向上司提意见，如果马上获得认可，事情就很简单。不过，一般而言，不认可的情况比较多。毕竟提意见的对象是你的上司，是否接受你的意见他当然需要慎重考虑。当意见被"我不赞成"或"这不合适"等驳回时，有些人往往心灰意冷。其实，因为一两次的意见被否决就责难上司，而放弃自己的努力与心力是一种非常愚蠢的做法。向上司提意见应该抱着"否定也是意见的附属品"的合理想法，要勇于碰壁。

当然，仅仅做到这一点是不够的，还应该在你的意见的内容上、方式方法上下功夫。

首先在内容上，既然是提意见，就必须言之有据。不仅要把自己的意见表达出来，还要以大量的数据材料为依据，使意见站得住脚，否则一旦让上司问倒了，就容易造成信口开河的负面影响。

其次，意见的内容没问题了，还要注意提意见的方式方法。向上司提意见本非坏事，但如果过于"热心"，会使自己"冲"过头，上司必定会认准你是个麻烦制造者，不会接受你的意见。此时，你切记不要过于自作主张而忽视了上司周遭的人际环境以及时间安排。

2. 给上司留有余地，和他一起成长

小刘进入公司不久，就受到包括老板在内的所有人的关注。她虽然不是老板的秘书，却经常被老板直接指派工作。小刘发现自己的直接上司对老板的这种越权行为也不赞同，但是敢怒不敢言。小刘自己也对此感到非常为难：老板交代的工作不能不做，但是完成两位上司安排的所有工作又非轻而易举。小刘害怕自己的前途就败在老板手里。

面对这样的困局，小刘不知道自己应当怎么办。她去找自己的好朋友小薇谈论这个问题。小薇建议小刘寻找一个机会和老板单独说说自己的想法，这样给老板留了面子，也表明了自己的立场，每个公司都有它的行政构架，一层一层，有序而灵活。一个优秀的老板是会尽量在下属面前维护一份公道的，这样才能有效提升公司的整体效益。一个真正关心自己的公司的老板，会认真考虑怎样和下属相处。同样，作为一个下属，也应该考虑怎样和领导相处，不要让自己陷入两难的境地。

如何处理顶头上司和大领导之间的亲疏关系？有两点要特别提醒大家注意：

第一，要给顶头上司留足利益空间。

有这样一个寓言故事：

在树林里，有一头狮子和一只野驴。有一天，狮子和野驴建立了合作关系，二者一起狩猎，因为狮子的力量大，而野驴跑得很快。得到猎物之后，狮子把战果分成三等分，说：因为我是万兽之王，所以要第一份；我帮你狩猎，所以我要第二份；如果你还不快逃走，第三份就会成为使你丧命的原因了。

这个故事说明什么道理呢？在工作中，不管你做了多少，都肯定比顶头上司拿的薪水少，你只有接受了这个现实，才可能在恰到好处地表现自己，从而拿到自己应有的报酬；否则的话，你可能不仅拿不到自己的报酬，还会被上司扫地出门。

要想牢牢地抱住上司这棵大树，就要记住这个原则：立功，但不要抢功。该出手时，一定要适时出手，做出一定的成绩给领导看。同时，你要懂得隐藏自己的锋芒，因为在工作中帮助别人是一个好习惯，但应该有个限度。如果事事都要插手，就可能会让领导觉得你看不清自己的位置。记住，千万不要越俎代庖，总是发表自己的高论，或者总是强自逞能。你要为上司留下发展的空间，而不要总是好出风头徒然惹他厌烦。

第二，给顶头上司创造表现的机会。

在公司内部，你如果想要和领导搞好关系，就要学着给领导表现的机会。也就是说，你要帮助自己的领导一起成长，这样你自己也才能获得成长的机会。当你的上司取得成绩的时候，他周围有的是赞美声和一张张笑脸。作为下属的你如果也去这么做，就不会引起上司的特别注意。因此，明智的做法是虚心请教，你可以恭恭敬敬地掏出笔记本和钢笔，真心诚意地请他指出你应该如何努力，也可以谈论上司值得骄傲的东西，向他取经。这样做会引起他的好感，使他认为你是一个对他真心钦佩、虚心学习、很有发展前途的人。

第三，尊重上司的决策，哪怕是错误的。

有人这样说："如何管理上级的前提是必须尊重上司决策，即使决策是错误，下级也不应抱怨，须尽量把决策的损失压到最低。"这就要求下级必须具备独立思考的能力和较强的行动能力，包括要考虑该决策对部门产生的负面影响，可能承担的责任以及选择哪种策略完成，做到不盲目服从，最终帮助上级成功，从而实现自己的成功。

还有人这样说："管理老板有两个信条，第一，老板永远是对的。第二，如果老板不对，请参照第一条。"可见在和上司相处的时候，每个人都应该做到兢兢业业，想上司之所想，急上司之所急，这样就能猜透上司的心思，对症下药。

总之，在和上司相处的过程中，一定要记得给上司表现的机会，这样你们才会亲如一家。

3. 学会和副职领导搞好关系

我们都知道，因工作需要，在一个单位或一个部门，除了一个正职全面主持工作外，往往还配有一个或多个副职。作为下级，你不仅要服从正职的管理和调遣，还要注意学会与副职领导融洽相处。原因很显见，有千年的朝廷，却没有千年的官。今朝的正职，明日可能升迁调动或解职下台；今日的副职也可能明朝登上正职的"交椅"。如果你总是以人划线，眼里只有正职，不拿副职当盘菜，那么你将来的职场之路也就不可能平坦了。

曹丕和曹植争夺太子的宝座时，由于曹丕素日尊敬父亲身边所有的人，就连曹操的一个宠妃也替他说话，这样，曹操就把他立为继承人，最终顺利地登上宝座，成了历史上的魏文帝。

而曹植呢，因为平时只信任父亲曹操，却对父亲的部属及左右的人不屑，人气不足，因而在太子争夺中失利。后来他也饱受兄长的威逼，最终郁郁不得志而亡。

现在看来，曹植对父亲的作用过于夸大，依赖性过强。他以为父亲是说一不二的一国之主，只要父亲喜爱自己，就不必顾及他人了。曹丕就比较聪明，他调动了父亲方方面面的"二把手"，也就是职场中的副职上司为自己说话，终于登上了皇位。

可见，在职场中起决定性作用的不仅仅是你的正职上司，副职上司的意见和能量，也对你的前途有着深刻的影响力，想要晋升成功，就不能忽略与副职上司的相处之道。

在对待副职的态度上，必须注意以下几点：

（1）理解

作为下级，你要理解副职领导的处境和难处，对自己诸如在遇到职务提升、工作调动、住房困难、子女求学、生病请假等实际问题时，向副职领导提出要求，一是不要条件苛刻，二是不要急于求成，三是不能怨天尤人。在此，你千万不要怀疑副职领导办事拖沓，把问题当皮球踢，他有一个向正职汇报的过程；不要埋怨副职领导"不关心人"，他的意见还要听取正职的决定；不要"挟天子以令诸侯"，副职这里行不通，就打擦边球，到正职那里搬救兵；更不能摇唇鼓舌，两头搬弄是非，不仅于事无补，而且职场中你更难处世为人。

（2）尊重

人与人之间是相互平等的，你敬人一尺，人敬你一丈。尊重领导，是你应该具备的素质。不论是对正职还是副手，你都必须一视同仁。对正职领导热情有余，关心无微不至；对副职领导却视同可有可无，粗心大意，这样的话，你就最容易引起后者的反感。别小看一句话一次问好，一杯茶水一支烟，一杯酒，稍有不慎就会得罪人，甚至可能丢掉自己的位置。

（3）支持

副职与正职因职务上的差异，容易出现攀比心理，对下属产生误会。因此，你要竭力支持副职的工作，切忌"看人下菜"。对于副职交代的事要愉快接受，按照要求按时完成，不要推三阻四，动不动寻找借口。如果正职领导在这之前或之后安排了任务，则有必要分清轻重缓急，阐述原因一般是能够得到理解和支持的。

（4）服从

服从管理是制度的需要。在现代社会分工不同的情况下，作为部属的你，应加强思想修养，革除私心杂念。人不分身份贵贱，一律平等相待，服从副职领导要与服从正职相一致。因为，副职是对正职负责，也是你顶头上司正职的"代言人"。

4. 最万无一失的站队法则是不站队

两个职位差不多的上司，正副两级领导，两股实力相当的人力派系，在办公室的明争暗斗中，你到底应该站在谁的那一队？是经理还是副经理？

刚一进这家公司，赵峰就面临着这样棘手的问题：经理肯定是最终拍板的那一位，资历颇深，在汽车销售行业已十五年有余，且已掌控西南这个分公司近五年时间了，而副经理有财权有背景，据传其与董事长千金是同一届MBA的同学，情谊深厚。对于经理这个位置，大有势在必得的架式。在月底的销售总结会上，正副两位经理之间的言语常常充满了火药味。虽然不是职场新人，但对于公司来说，赵峰算是个新来的，新来的就要看清形势，找个靠山，不是早有"职场圣经"说：混得好不好，关键在站队。来公司已经两月多，看到正副两位经理都对自己不咸不淡若近若远，赵峰觉得自己必须做出决断了。

凭借各方打探来的消息，赵峰认为副经理乃是一值得投资的潜力股，等他把"副"字去掉，好歹自己也算一开国元老。经此一番利弊权衡，赵峰在第二天就开始了站队计划。在电梯里碰到副经理，甜甜的一声招呼后，又加了一句：听完您在总结会上的一番言辞，我觉得受益匪浅，以后请经理多指教呢！果然一向只是客气点头的副经理脸上现出了对待自己人的笑意。此后数次业务会上，副经理也对赵峰的表现当场提出表扬。至于经理大人冷眼旁观的态度，站队成功的赵峰也自动忽略不计了。

转眼到了年底，赵峰从人事八卦中得到小道消息，高层已经通过诀议，副经理这次肯定升职了。事实上确是如此，只不过人家是高升到了华北区当经理，而赵峰的经理还是那个经理，山水却已不再是那些山水了。

几个月后赵峰离职，被朋友问及原因，在唏嘘感慨站错队于职场是一种谋篇布局上的战略失误，赵峰也没忘痛陈一下经理对他这位另一队列中人的各种无视和冷遇，简直拿我当透明人嘛！

你到底是谁的人？关于职场站队你一定看过不少或明或潜的规则宝典、秘笈，就像赵峰所作的那样。可是站队真的那么重要吗？尤其对于刚刚跳槽到一家新公司的人来说。现在连谈恋爱都不流行说我是你的人了，这样的誓言有可能让尚未明晰的情感关系走向更糟糕的地步。

说到底，站队是一种机会主义选择，在你决定站队之前，你是否想过非此即彼的选择本来就各有50%的败率？而你千挑万选也可能千辛万苦才跳过来的机会也多半因此丧失，连保本都不能。助你作出推断的信息又是否经过验证呢？一个信息细节的出入也可能会误导你的方向，何况这些信息多是八卦而来。具体情况千差万别，任何规则都可能犯经验教条主义的错误，事情的变化发展又不常在人们的预料之中。如此无常，那我们要怎么办？

从长远来看没有任何一个队伍是正确的

首先你要想明白自己为什么站队，为了不被孤立，不被排挤，不被当做透明人？还是为了站队后一些潜在的心知肚明的小便宜小方便？这样的理由看似非常靠谱，却未必充分。不同队列的员工在日常工作关系中免不了互相挤兑设障，如果长时间暗中敌对，你的工作想来也不会好做。等到决出胜负，你也未必是得到实惠最多的那个。从投资学来看，它也不会一直牛市，不具有长远赢利的可靠性。选择站队在长远来看都不是最正确的，选择对了未必鹏程万里，选择错了就一定会输得精光。

做个聪明的职场"咖啡豆"

有这样一则小故事，将土豆、石头和咖啡豆一起放入锅中，煮上一会土豆就烂了，而石头又硬又没味道，只有咖啡豆慢慢散发出了醇香。在职场站队这个问题上，急于站队的土豆和过于坚硬的石头显然都不是最佳选项，不如做个聪慧有道的咖啡豆。如果说站队是一种机会主义，那么不站队就是生存主义。在公司政治中，不投靠任何一方，兢兢业业踏实做好本职工作，在公司利益面前，你不是谁的人，但你也不是谁的敌人，反而能为自己赢得生存的空间。

做一个有用的人.远远比做谁的人更重要，也更实惠。哪一个领导也不会轻易对一个重要岗位上的重要人物开刀。与其把时间和精力花在研究站队之术上，不如远离纷争，积累自己。退一步讲，即便局势最后逼人离开，你的下一个东家最看重的仍是你的业绩和能力。

5. 不得不站队时要聪明地站

尽管每一个职场人士都不想无事生非在和平年代办公室里搞"不流血的战争"，大家都想好生呆着好好工作好好生活，可是梦想很璀璨现实很骨感，有时候现实由不得你拒绝，你会面临被逼迫参加站队的窘境。

那几天，燕燕非常非常难受。

作为广告公司的一位普通文案，她的直接上司徐经理想带领大家"手撕领导"——让运营部主任下台，取而代之。

其实呢，这个运营部主任对燕燕还算不错，她只是个写字的，听从领导的意思出方案而已。因为不做业务，在业务提成上和运营部主任没有利益冲突，所以她对领导无爱无恨，反正就是普通的上下级关系罢了。可是徐经理今年和运营主任矛盾很大，已经到了不可调和的地步，所以现在展开行动了。

为了争取群众支持，徐经理张罗了好几次了，天天在办公室里煽风点火，当着众员工的面历数运营部主任的"罪状"，不时地呐喊："怎么办啊各位亲，要不咱们找个时间一块商量商量对策吧。"

每逢此时，其他业务员都断断续续地应声附和，因为大家都对主任的提成分配比例安排不满，都生了二心长了"反骨"。而文案只有一个，偌大一个办公室，就燕燕没有谋反的意思。不过因为大家回答得不是那么齐整，燕燕还可以滥竽充数。

就这样混了俩礼拜，第三个礼拜二，那天恰好主任没来上班，群龙无首，下班前徐经理玩真的了，挨个问同事："周五下班后我们聚餐，你有时间吧？"其他同事都说没问题，当问到燕燕这里时，她心里特别纠结，已经被逼问到这步田地了，该如何回答？明摆着是逼人站队的节奏啊，情急之中燕燕依然坚持了自己的原则，她没有正面回答这个问题，她说："我尽量吧，就怕这周末婆婆从老家来，我不在家不合适，我看情况定定吧，要是能出空来我就提前告诉你好不好啊？"话都说到这份儿上了，徐经理也不好强求。燕燕再一次蒙混过关。

回到家里，燕燕想，这队不站看来是不行了，可是要选哪一边呢？她开始分析事态了。

根据情势，她也认定徐经理和主任已经势不两立，不是东风压倒西风就是西风压倒东风，也就是双方必定要决出胜负拼个你死我活。

接下来那就要权衡两方实力了，徐经理虽然业务能力强，但是情商低，而主任虽然能力比徐经理差点，但却是办公室政治的高手，和上层的关系维护非常好。经常把下属的业绩说成是自己的，尽管不符实，但人家会说呀，关键是领导信啊。再说，单位刚刚在管理体制上动荡了一下，出于全局的稳定性考虑，上层也不会轻易在这个时候再进行大的人事调整。

综合各方面考虑，燕燕得出俩结论：第一，徐经理不可能上位。第二，即使她成了主任，未必就比现在的主任管理得更好，她也是脾气暴躁的直性子，还有要命的拖延症，做事情不够严谨细致，总是丢三落四，即便是她成功上位，在她手底下做事也未必比现在轻松。

在进行了缜密的思考后，燕燕决定站在主任这一边，但她也不想给徐经理使坏，不想被她识破落埋怨，所以她没有参加那次的聚餐。

后来那帮业务员跟着徐经理通通玩完，徐经理被撤职，业务员虽然被留下，也不过是主任泄私愤的工具罢了，很快一个个地都自动离职了。而燕燕，成了主任最信任的人。

无论我们如何不情愿，"站队"已经成了现代职场客观存在的潜规则。拒绝不如坦然接受，如果一定要站队，那我们就要"站好队"，"站对队"。

下面是一些站队小技巧：

技巧一：站队就好比进股市，最重要的目标是保本，不发生损失，然后是取得收益。所以，站队前，要先想到最坏的可能，即站队失败后，怎样至少保住现在的位置。

技巧二：如果"站队"不可以避免，入队也不能盲目，特别是初入职场的新人，在已经出现的队列面前，一定要综观全局，了解好企业人际关系，分析哪个"队长"最后获得"胜利"的几率更大，以及自己的发展和哪个"队长"的利益最相匹配；同时，也要做好最坏的打算，就是自己所站的队伍失败后，该怎么保全自己。

技巧三：即使选择了队伍，各个队伍在工作中出现意见分歧，也切忌过于高调。涉及两方队伍的敏感问题和尖锐问题时，也要尽量保持"沉默"，别做职场的"逞能莽夫"，更别做两边倒的"墙头草"。古今中外，"墙头草"都是任何人际场合的大忌，忠心不二，才会得到爱才上司的赏识。

技巧四："站队"其实是职场人际关系的一种表现形式，其实同事之间都是希望和睦相处、融洽工作的。如果发现"站队"失败，作为下属，还是认真踏实地做好自己的本职工作，遇到需要合作的工作，尽量抓住机会促进团队之间的了解与协作。归根到底，做好自己分内的事情，努力展示自己的优点，如果有工作协作的契机，多帮助同事，这样的优秀员工，即使是在"站队"失败后，也会有上司慧眼识才的。

当然，我们虽然默认了站队潜规则的存在，但不一定非要站队才能在职场生存，如何"站好队"，仅适用于不得不被站队的情况。

6. 拍马屁最重要的是要不着痕迹

人类就是感性动物，一般情况下，同等条件下老板肯定会雇用年轻貌美的那个。能力相当的条件下，老板肯定喜欢声音甜美像黄鹂鸟一样说话动听会聊天的那个。而那个哪壶不开提哪壶的家伙，老板客气一点让他靠边站，不客气一点就让他快点滚蛋，能滚多远滚多远。

谁不爱听好话？好话听起来心里舒坦，是正能量。

嗯，接下来，我们就讨论如何说上司好话，往俗一点说就是拍马屁。

在职场你会不会拍领导的马屁？据观察，拍马屁并不是一件坏事，先不说那些对拍马屁员工露出特殊"关照"的上司，就是表面上装出对拍马屁员工厌恶的领导，私底下偶尔也会被他们的溢美之辞渲染得心花怒放，所以职场拍马屁是一项你不得不重视的"学问"。

下面我们就来小议下如何拍马屁。大家都知道千穿万穿，马屁不穿，人人都爱听马屁，但是并不是人人都会拍马屁的，就有这样一个案例：

一个朋友，他的女上司的女儿生了小孩，大家都觉得是个喜事。于是连夜装点办公室，搞些彩带气球，等第二天女上司来上班，大家都一拥而出，打了偌大一个横幅，上面写着祝贺上司荣升外婆之类的话。

结果女上司笑得那个勉强，分明极不高兴。这次马屁为什么拍不到点子上呢？后来据办公室几个上了年纪的女人讨论了几天，终于明白女上司觉得大家如此大事张扬，分明是诏告天下此人老矣。

所以职场拍马屁的学问关键在于你是否拍得对，运用得当。从另外一个角度来看，利用拍马屁的方法进行向上管理，还可与领导在沟通上取得更顺利的交流，这就需要一种职场生存的智慧，你可以效仿这样的职场拍马屁：

一是先抑后扬地拍马屁。有一个经理表示，他经常面对诸如此类的恭维话语："我不想让你觉得尴尬，但是……"，或"我知道你不希望我提起，但是……"或"我说了你恐怕要怪我，但是……"

二是寻求建议式的拍马屁。一位经理建议说，"……假如我想让某人知道我很崇拜他，与其说'我崇拜你'，我更倾向于向对方寻求建议：'你怎么能做到那么成功地推动那条战略的？'"诸如此类。这类的模板是，我要如何复制你的成功？这样的马屁就好像你是想从对方身上学到什么，而不是想要巴结他。

三是赞成老板的意见之前先提出异议。一个优秀的"演员"会先提出反对意见，再赞同老板的意见，通过这种方式拍马屁就会不着痕迹。因为这种赞同表现得更像是一种对别人意见的充分肯定而不是在溜须拍马。

四是在不问本人的前提下得知老板的立场，然后在他面前以你的立场的形式提出。"假如你总是同意你老板的意见或许会显得你在拍马屁……但是如果你通过和老板的朋友聊天找出了老板关于某个政策的意见，然后在和你老板讲话时提出相同的意见……那就显得诚恳多了。"一位职业经理人如是说。

五是在老板的朋友面前夸他。一位经理这么说，"在本人面前拍马屁显然是非常谄媚的，至少是可疑的。但是如果你总在老板的朋友面前说一些关于他的好话，他迟早会发现的，而且那对他来说也会比当面拍马屁要更加有意义。"

六是向老板的价值观看齐。你可以说，"我发现开启讨论的一个好办法是：从我觉得重要的观点入手，我觉得重要的东西对其他人来说应该也是很重要的。这些重要的东西可以是宗教信仰，或者对环境保护的认同，或者是我的家人……如果对方向我询问理由了，那么我之后说的话就更容易被相信了。"

七是提起一个和你有共同点的团队成员。比如，"假如我试图影响某人，我会通过提起一个我们都从属于的组织或圈子来开启对话。我认为那有助于建立信任，那样我就可以更有说服力。"

在职场拍马屁的学问是需要学习的，如果你能有效拍马屁而让领导更加信任你，与你建立更深刻的沟通关系，那么相信你离升职加薪不远矣！

7. 如何说服领导给你加薪

职场上，对于薪酬，大多数人都是含蓄的，即便对自己的工资不满意，也不敢直接提出来。其实，提请加薪虽然是一招险棋，但倘若方法有效，老板也会对你"另眼相看"。如果你觉得自己的能力、业绩都在别人之上……总之你有把握让老板知道你值得加薪，那么就不妨大胆地把要求提出来，但是一定要注意提出的方式，以成功说服老板。

周慧到南方一家公司打工，本来谈好了过了试用期两个月就给涨工资的。但是三个月过去了，她的工资仍然没有任何变化。于是，她趁向老板送材料的机会对老板说："老板，有件事，我一直想问您一下。"老板说："有什么话，你尽管说。"她说："我发现自己的工资与试用期期间没有变化，想问问是不是我的试用期已过而正式聘用的相关手续还没有办妥？"其实，她知道人事部门已经给她办好了手续。老板听后没有什么特别的反应，而是认真地回答说要帮她问问。

第二天，老板就找到她，对她说："真是不好意思，其实你的工资上几个月就应该加上去了，只是财务上一时没办好手续，以后有什么事如果我忘了可以提醒我一下，不要有什么顾虑，按劳分配嘛。"在你明明该得到加薪的时候，老板没有给你加薪，这时候，不管是老板一时疏忽忘记了，还是故意忘记的。你都不妨为老板找一个台阶，让他下来。让他既有机会，又有面子地给你加薪。

当然，成功说服老板为你加薪，还需要注意以下几个方面：

（1）要有理有据

说服老板给你加薪确实不是一件易事，万一操作不好，就有可能破坏你在老板心中的良好形象，影响日后的工作。

因此，在开口向老板要钱时，最好先制定一个谈话要点，然后有理有据展开。当他意识到给你加薪有百利而无一害，你的目的才能达到。

（2）要选择适当的时机

如果你选择公司遇到麻烦，老板心情正郁闷的时候，向老板提出加薪，结果可想而知。所以，选择时机非常重要。

当老板沉浸在成功的喜悦中，或是他的家人有什么喜事而使他轻松愉快的时候，你提出适当的要求他就比较容易接受。

另外，你还要了解公司的加薪时间。大多数公司是从第四季度开始做下一年预算，多会在第二年的年初加薪。但不管什么公司，一般不会在年终加薪，所以在年终向老板提出加薪不是一个明智的决定。根据经验，夏天也不是提出加薪的好时机。如果在春天没有获得加薪，那么在接下来的时间里就要努力工作，取得理想业绩，这样到了秋天就可以顺理成章地提出加薪要求了。

（3）静听老板不为你加薪的理由

当你提出加薪要求而老板并没有同意的时候，老板肯定会解释暂时没有给你加薪的理由。这时，你要心平气和地倾听，然后再寻找突破口。切忌表现出不高兴的样子，或者闹情绪，甚至与之发生争执，一味坚持应该为自己加薪的理由，这样只会适得其反。

（4）托人"传话"

作为一般员工，你也许不会经常直接和老板打交道，但部门经理会对你了解得更多一些，且部门经理是老板经常要召集开会的人之一。除此之外，老板身边也有比较亲近的人，通过他们转达你的加薪要求有时比你直接开口效果更好。当然这里你得把握好一个"度"，即能替你传话的人一定是了解你、理解你、同情你的人，这样他在传话的过程中就能把话说得婉转些、圆满些，即使遭到拒绝，面子上也不至于太尴尬，因为你毕竟没和老板"正面交锋"。

只要你认为加薪是合理的，你就有权提出。但提出加薪时最好是巧妙地、有技巧地同老板交流自己的想法，就算万一不被老板接纳，也不会给大家留下难堪，以致影响日后的工作。

8. 哪些"黑锅"你坚决不能背

所谓"背黑锅"，就是替领导担罪过，他的过错你负责。有调查表明，60%的人在职场中有过替上司或者同事"背黑锅"的经历，可见背黑锅也是职场上一门不可忽略的必须课。之所以背黑锅，也是为了讨好上司，将心比心寻求庇护。可是黑锅不是那么好背的，如果你以为帮别人背黑锅就一定能换来别人的感激和信任，那么就大错特错了，代人受过也要看具体的事件，以及这个人值不值得让你为他背黑锅。还有，职场上有些黑锅你真背不得。职场专家已经为我们总结出来了，以下几种黑锅，小伙伴们说什么也不能背。

心胸狭窄的黑锅

小黄做事认真，而且充满了热情。某天，他给客户提了一个甲计划，先给上司看过，没想到被上司批得惨不忍睹，无奈之下照着上司的想法，硬是改了一份乙计划出来。不想客户看后根本没兴趣，小黄干脆死马当活马医，把自己原先的甲计划书从公文包里拿出来，给客户瞧一眼。没想到看过之后，客户爱不释手，立刻敲定了双方的合作。小黄没发现，上司在现场的脸色难看极了。一回到办公室，小黄立刻被上司当着众人的面狠狠痛骂了一顿，差点保不住饭碗。

小黄觉得纳闷，明明自己谈成了一笔买卖，但是却被上司骂得如此不堪，到底是怎么一回事？这种事情在职场上经常出现，其实，因为小黄刚好遇到一位心胸狭隘的上司，明明建了功却要背上莫须有的黑锅。

某些上司他们的性格上有缺陷，他们想要保持自己的完美形象，坚持自己不可能会犯错，如果有错误发生，一定是别人的问题。

为什么这种黑锅不能背呢？因为这种上司经常会对手底下的员工来个过河拆桥，生意谈成，合同签订，立刻就用"不适任"、"不遵守员工守则"等莫须有的名义开除，这样刻薄的上司，你还要跟着他吗？

嫉贤妒能的黑锅

小陈因为技术过硬，临时受命负责公司一个大案子。他那位资深的上司感到很奇怪，很想要插上一手，没事就在鸡蛋里挑骨头，不是这不对就是那不对。一开始小陈不打算让这位上司干涉，因为是公司大领导亲自指派他负责的，实行项目责任制，没想到这位上司四处去说三道四，还跟大领导说小陈刚愎自用，不听有经验的老同事的建议。

小陈拗不过，干脆照着这位上司的意见去做，没想到案子错得一塌糊涂。小陈问这位上司："您不是说要这样做吗？可是怎么行不通呢？"这位上司听了大为恼火，马上回呛，"你不会自个儿想吗？难道我还要凡事都替你想吗？你不是挺能耐的吗？"小陈真是气愤懊恼，不让你插手你说我独断独行，让你给意见你又挖个坑给我跳，为什么会这样子呢？

其实，资深一点的上司要你背黑锅，多半是出于嫉妒，尤其是在企业里担任冗员，待了很多年，长期不被重视，没什么建树的人，嫉妒心特强，特别见不得别人好。即始你背了黑锅，当了替罪的羔羊，对方不但不会感谢你，也不会找机会补偿你，只会一味地落井下石，所以这种黑锅不背也罢。

食髓知味的黑锅

小蔡的上司貌似对小蔡很好，总是让小蔡称呼她"大姐"，她经常犯错，一犯了错就找小蔡当挡箭牌，当代罪羔羊。小蔡一开始是出于上下级考虑，没想到上司愈来愈离谱，连迟到早退都可以赖到小蔡身上，惹了大事也硬说是小蔡造成的，为什么会这样呢？

这种黑锅，可是说是被小蔡给宠坏养大的。员工在企业里工作，责任感是一定要有的，不要被那种"大哥哥"、"大姐姐"的甜言蜜语给唬过去了，有个别领导因为家庭教育的因素，特别是被家里宠坏的孩子，在职场上经常会有毫不在意、没有责任感的行为，谁的行为谁负责，你千万不能替这种人担罪。

最后我要提醒大家的是，一个职场人士的职业形象关键还是要靠平时扎实的业务水平，沉稳老练的做事风格塑造的。替上司背黑锅无疑会给自己的职业生涯留下污点，弊大于利。尤其是没有足够的资历和能力的职场新人，不要轻易为上司或老板背黑锅，即使他们硬把黑锅强加到你头上，也应该以"可一不可再"的原则向上司严肃地提出，不要让黑锅缠上你。

9. 如何度过职场失宠期

不管你是不是咎由自取，在职场失宠的滋味可真是不好受，那种从云端跌入地狱的落差，让人心灰意冷，有人去酒吧买醉，去迪厅乱蹦，对着好友把上司痛骂一顿，有人承受不了压力，无奈辞职或者消极怠工。这些都是于事无补的消极抵抗。该怎么走出"职场冷宫"的阴影呢？

其实不幸的事情，在发生了之后就显得没有那么可怕，最可怕的是你提心吊胆等待它来临的那些天。既然最糟糕的事情确实已经发生了，你在工作中犯了错误，或上司开始怀疑你的能力，或者新上司对你一点也不待见，此情此景你该接受现实，冷静下来。以下是综合多名职场专家的建议，可以帮你顺利度过职业"失宠期"，早日重返第一线。

当务之急，你需要努力做的是：

克服震惊和委屈

你被叫进上司的办公室，他在你走进来后关上了门，然后说——"我对你最近的表现很不满意"。此时的你，内心一定百感交集。你也许觉得应该马上收拾铺盖卷走人，从此不要再工作，甚至想干脆嫁人当全职太太或者超级奶爸。但你错了，年轻人不能被一次打击打垮，你应该在哪儿跌倒就在哪儿爬起来，并吸取经验教训，让自己在挫折中长大成熟。

要度过这段难熬的时期——上司不再分配给你重要的工作，不再赞扬你的业绩，不再给你加薪提职，甚至不再对你微笑，你成了办公室里可有可无的人，这滋味真难熬啊！

不过此时最理智的办法，是不要把失落的情绪带到办公室，你可以像往常一样认真地对待每一项分配给你的工作。下班后约上三五好友（或者心理医生），痛痛快快倾诉一番。把一切都说出来会帮助你了解自己对这件事最真实的感觉。也许你独自时会感到委屈、有挫败感；但跟他们倾诉以后，说不定你会发现上司并不像你认为的那样不公正。你之所以"失宠"，也许是因为在过去的成绩后没有把全部心思都放在工作上。"被冷落"这件事你多少负有一定的责任，塞翁失马焉知非福，你正好由此意识到了问题所在，今后引以为鉴。

不能消极气馁

有的人被冷落以后就会一蹶不振，或急匆匆地另觅高枝，或者心思全无，天天晚上守在电视机旁吃膨化食品，两个月内把自己养成大胖子，因为他们需要"发泄"。但这种发泄途径实在是很低级。把这段时间当做反省期未尝不可，但不要过度自责，也不要长时间缩在家里。"你在家盯着天花板发呆的时间太长，就会越来越自卑，在工作中崛起的机会也越来越少，你需要做一些让自己重拾自信的事。"

让自己快快振作起来，每天早晨微笑着去上班，主动与上司沟通，询问问题的所在——即使你的上司打心眼里对你抱有成见，他也会被你的坚毅和意志打动。

你必须这么做，不仅是因为这些经历能在以后的职业生涯中为你加分，更因为即使你真的被解雇，在将来的面试中，你可以自信地对考官说你并没有蜷在沙发里虚度光阴，你在很积极地面对人生低潮期。

在你给自己打气的过程中，千万不要忘了加倍地努力工作。把每一个交到你手中的任务都当做一次翻身的机会来认真对待，不要被委屈和怨恨消磨了前进的动力。时间会改变很多事情，只要你坚持，就不会输到最后。

当然，如果上司对你的态度实在过分，毫无道理地敌视你，你不必委曲求全。但在辞职之前你应该明白一个道理：天下的上司都一样，你在这里遇到的问题，到别处一定也会遇到。只要你是一个积极肯干的员工，上司一定会对你青睐起来。

职场"失宠"是痛苦的，可同时它也是你一个自我成长的过程。很多成功的人都有过被打入"冷宫"的经历，但他们都能从这个阴影中走出来，并且使自己吃一堑长一智，相信你也可以做到。

10. 领导确实不赏识你，你该怎么办

领导不赏识你，该怎么办？其实，这个问题的答案和"爱人不爱你，你该怎么办"的答案是一样的：自己对自己负责。

《论语》里有这样一句相当励志的话："不患无位，患所以立。不患莫己知，求为可知也。"

这句话的背景是这样的，春秋时期，各国的高级管理者或是立下重大功劳的人才能站在议事大厅（朝堂）的两侧。所以孔子说："人啊，不要发愁和担忧自己没有职位，应该担忧有没有能够站在朝堂之上的本领和才能。不要担忧别人不知道自己的有什么能力，只求不断充实自己，让自己有更多值得别人知道的能力。"

在这里，孔子给出了两个做人的标准：应该对自己负责和要做到尽人事以安天命。

自己对自己负责

在全球500强中，有人做过统计，近20年来，从美国西点军校毕业出来的董事长有1000多位，副董事长有2000多位，总经理或者董事这一级的有

5000多位。

世界上也许没有任何一家商学院能够培养出这么多的顶级人物。为什么？我们可以看看西点军校对学生要求的标准——准时、严格、正直、刚毅。这些都是任何一家优秀企业对其领导者要求的最基本的素质，也是最值得挖掘或培养的素质。

相比较而言，商学院却更多地教给学生商业知识和经验，而相对缺乏对个人最基本的人文素质的培养。也许正是这个原因，是西点军校而不是商学院培养了最优秀的领导人才。

从这一点出发，我们如果对历史上的优秀人物作一个分析，就会得出这样一个结论：成功的人士与性格、心胸、知识素质，甚至民族、种族都没有必然联系，可是在他们的身上，却有一点是共同的，那就是——对自己深深的责任感，自己对自己担当。

这样的人身上会有三个重要特点：第一，信守承诺；第二，没有任何理由和借口；第三，永不言败。当我们看美国大片《阿甘正传》的时候，能够感动我们的不是阿甘多么聪明能干，而是他的执着和真诚。他是一个"对自己负责"的人。

对自己负责的人永远都会——自强、自尊、自立。

尽人事以安天命

能被社会认可的人大多是优秀的，而优秀的人却不一定能被社会认可。有的人小试锋芒，即一鸣惊人；有的人费尽心血，却屡战屡败。这样的例子并不鲜见。

《韩非子》中就有一个非常有名的故事。

从前，楚国有一个叫和氏的男子，他在楚山的山石中发现了一块玉石，就把它献给了厉王。厉王让珠宝师鉴定。"这只是一般的石头。"珠宝师说。厉王大怒，下令砍掉和氏的左脚。之后武王即位，和氏又将玉石献上，珠宝师鉴定说："是一块一般的石头。"于是和氏又被砍掉了右脚。武王死后，文王即位。和氏捧着玉石在楚山脚下哭泣，泪尽而啼血。

文王听说此事，派人去询问原由。和氏说，"我不是因为被砍了脚而悲伤，真正的宝石被说成一般的石头，正直的人被称为骗子，我为此而伤心。"文王让珠宝师仔细打磨这块玉石，原来的确是一块宝玉。于是，这宝玉便以和氏的名字命名为"和氏璧"。

和氏鉴别玉石的能力强过宫廷的御用珠宝师，但却并没有被楚厉王认可，还被砍去了左脚。他本着对自己负责的态度再次献宝，却又被砍去了右脚，但依然未改对自己负责的态度，以泪尽而啼血的方式坚持自己的观点，最终才被楚文王所认可。付出的代价可谓不小，但他的执着却赢得了楚文王的尊重。

所以工作中不被上司赏识，得不到承认是没有必要叹息的。在苛责别人的同时，多想想自己，是不是有安身立命的真本领，自己是否有值得夸耀的资本。

"谋事在人，成事在天"，这就是孔子的天命论。应当承认，主观努力的程度，并不一定与成功的概率成正比。不过，就像英国哲学家弗朗西斯·培根所说的，"幸运的消长系诸外界的偶然之事，但一个人的幸运的造成主要还是在他自己手里。"

第七章

如何与上司
顺畅沟通

古话说得好："物以类聚，人以群分。"在公司内部，提拔你的是上司，培养你的也是上司，所以，只有跟上司保持一致沟通顺畅才会有更好的发展。

沟通就是和领导交流思想、汇报工作，征求意见。在日常工作生活中，与上级领导进行有效沟通是一件十分重要又非常吃力的事，因为在很多人的眼里，领导的言行总是令人畏惧、难以理喻、无所不在、无所不能，和他们沟通起来很不顺畅。

其实，领导者都是性情中人，只要你态度坦诚，方式正确，和领导沟通便会轻而易举。

1. 和上司建立一致性是顺畅沟通的基础

作为一个领导者，大都希望下属能够跟上自己的脚步，按照自己的节奏前行。作为一个下属，你要充分满足领导被跟随的心理需求，和他保持一致性，这样在沟通的时候也就更加顺利。通常情况下，上司在交代一件事的时候，心中已经出现了一个期望的结果，而这个结果只有用上司的风格并用上司类似的手法去办理才能达到。因此，工作上，应该用上司教你的方法去工作，能一致的尽量保持一致。习惯成自然，久而久之，你就会成为上司喜欢和放心的下属、上司最得力的助手，甚至是上司的心腹，而这样对你个人在公司的发展也是大有益处的。

孙瑾跳到了一家条件很不错的国营企业，准备大展身手。他的业务水平很好，又很会说话办事，亲朋好友都十分看好他。孙瑾所在的部门是设计部，办公环境很好，公司为设计师们配了最好的电脑，不仅性能强而且辐射也很低。孙瑾坐在宽敞的办公室里感觉十分惬意，随着时间的推移，他对公司和同事都有了更深的了解。孙瑾的顶头上司张经理是一个戴着眼镜看上去斯斯文文的中年人，孙瑾发现他有一点和其他的设计人员不一样，一般的设计师在接到任务以后，都会直接在电脑上操作，所有的程序都是用鼠标控制完成的。而张经理每次都是先在纸上用笔来回地画，画出手稿后，在纸上进行改动，并在旁边随意地写上自己的想法以及修改的创意，等到自己满意了才会在电脑上直接将设计做出来。在设计部的日常工作中，每一个设计师的成果都是在张经理的指导下完成的，但是没有一个人采用张经理的工作方法。孙瑾深知要和领导建立一致性，于是在接第一个任务的时候，先用纸将设计画了出来，然后交给了张经理。孙瑾的美术功底是不错的，张经理一看他交上来的成果，十分高兴，将自己的想法用批注的形式写在了纸上。很快，孙瑾就引起了张经理的注意，并且特意找他谈话。由于孙瑾采用了张经理的工作方式，使得张经理在为孙瑾作指导的时候更加的方便，可以直接在作品上做修改，而其他的设计师交给张经理的都是电子版的，不方便修改，就算张经理有独特的想法，也不愿意大费周章地找到设计者来探讨。

孙瑾和领导建立一致性的做法使他赢得了张经理的好感，在之后的工作中张经理毫不吝啬地将自己的想法都讲给孙瑾听。张经理已经有十多年的工作经验，专业水平很高，在他的指导下孙瑾得到了很大的提升。不久之后，张经理升职了，并且推荐孙瑾做设计部的经理。于是，孙瑾在入职后短短的半年时间内就由一个小小的设计人员发展为高层的领导。

孙瑾的故事告诉我们，在工作中，和领导建立一致性是十分必要的。孙瑾用这个方法，获得了领导的注意，在短时间内让领导了解了自己。由于和领导步调一致，使得工作开展得很顺利；由于和张经理在工作方式上产生了共鸣，使得张经理更加愿意指导孙瑾的工作，为孙瑾增加了提升自己的机会。

和领导建立一致性并不是一种奉承的行为，这是一种和领导相处的艺术。我们都明白志同道合的人容易走到一起，容易交流，所以在自己和领导之间营造一种和谐一致的氛围是十分明智的。

现实生活中，总有一些十分自我的人，不懂得和领导建立一致性，或许他们很优秀，认为自己没有必要去和领导保持一致，然而，这样的做法往往会导致一种结果，那就是尽管你很有能力，尽管你的业绩突出，但是和领导之间的不和谐因素却使你举步维艰，你和领导之间的关系只是一种僵硬的命令与被命令的关系，领导的目光始终不在你的身上，因此你所期待的升职和加薪也不过是一种幻想了。更糟的是，和领导之间的步调不一致还会成为你事业成功的一大障碍。

张宇大学时读的是法律专业，所在的学校是一所重点大学，为了在毕业后找到一份好工作，张宇趁着假期在一家很有名的律师事务所里争取到了实习律师的职位。张宇在校成绩优秀，事务所也就是看上了张宇这一点，希望能通过实习更多地了解张宇，如果各方面都不错的话就留下她。张宇到了事务所，很快就适应了工作，唯一有一点不顺心的就是张宇对领导的工作方式有些不适应。张宇有过打工的经历，对于材料的整理是有一套的，她自认为自己的方式是很实用很方便的。然而，张宇的领导也有一种自己惯用的方式，而且很多员工都为了和他保持一致，采用了相同的方式对资料进行整理和分类。张宇个性很强，她觉得自己和领导的工作方式有所不同也没有什么大不了的。自己的能力非常不错，留下来还是很有希望的。

转眼间三个月过去了，所长找张宇谈话，张宇胸有成竹，因为这三个月中，自己的成绩是有目共睹的。然而，张宇看到的却是所长阴沉的脸，半晌，他才开口说话："张宇啊，你的上司反映你不服从管理，不懂合作，是不是有这么回事？"张宇一愣，转念想了想，自己不就是没有和领导保持一致吗？怎么就给自己扣了这么大的一项帽子啊！张宇赶忙说："我只是觉得我的方法也挺好的，没有其他的意思。"所长依旧阴沉着脸，说道："我知道你的能力还是不错的，但是你入职以后的领导还是他，我不能不尊重他的意见，他给你写的评语对你没有有利的地方，我也不好留下你啊！现在实习期满了，你走吧，虽然这很遗憾，但是……"张宇知道再多说什么都没有用了，万分伤心地离开了事务所。

上文中张宇在工作中没有和领导建立一致性。并不能说她保持自己工作习惯的做法是错误的，但是，这样的结果就是不能很好的和领导建立和睦的工作关系，最终当然会对张宇不利。换个角度想一下，其实作为一个领导，面对的不只是一个下属，并非他们霸道专横，非要别人按照他的方式来工作。但是，为了提高团体的工作效益，有一个统一的模式是很必要的。假如每个下属的方式都不一样，那么就会给领导的工作带来很多的不方便。因此，领导喜欢和自己积极地建立一致性的下属。既然和领导的相处是不可回避的，那我们为何不明智一些呢？

想要和领导相处和睦，赶快调整自己的行为方式和领导建立一致性吧！

2. 你和上司的性情契合度高吗?

现实生活中会有这样的现象：上司和下属的能力都不错，单拿出来都可以独当一面。然而，配合起来工作却是举步维艰。这就涉及一个上下级的性情匹配度的问题，打个比方，领导和下属的关系就好比是脚和鞋子的关系，我们在挑选鞋子的时候，不论是鞋子多么精美，如果穿不上去，我们是不可能将它买回家的。因为不合脚的鞋子要么是小，走起来挤脚，要么就是大，鞋子不跟脚。如果要行万里路的话，这样的鞋子就是在帮倒忙，有时候甚至是累赘。

来看下面这个和性情匹配度有关的例子：

某女千辛万苦才争取到了经理的职位，终于从"屌丝儿"转为"小资"了，这对于某女来讲，真是好事一桩，一方面，有了更大的发展空间，另一方面，待遇上有了很大的提高。对于某女，尾随于升职而来的，是它的副产品——有了下属，这就意味着将有一些主管级的人物向她报告。为了招到满意的下属，某女直接参与了招聘工作，最后录用了A男和B女。对于这俩人，人事部的负责人均有不同的看法，A男呢，尽管看起来很圆融，其实还是有种大男子主义的倾向，恐怕对女上司有偏见。在面试B女的过程中隐约感觉B女有一股自视甚高的劲头，加上她又有八年的工作经验，担心某女可能驾驭不了她。但是某女对这俩人比较中意，人事部的负责人就没阻拦，因为毕竟招的人要向某女报告，再说这二位能力上确实不错，无奈之下只能录取。

后来在相处的过程中，果真应验了人事部的担忧。A男和B女都不合某女的心意。A男在性格方面和某女不匹配，某女总结为，又笨脾气又大，而B女是自恃清高锋芒毕露，不怎么把领导放在眼里。这两个下属和某女都不匹配，因此在工作中生出好多的不愉快。最后的结果是这两个下属根本不听领导的话，不欢而散。

辞退这两人后某女最终明白了这个道理，在和人事部的同仁沟通时她总结道：B女性格棱角分明，就像是一只小号的鞋子，在工作中时常会有摩擦，而A男不讲条理，能力不强，就像是一个大号的鞋子，根本跟不上我前进的脚步，甚至拖我的后腿。

可见，领导和下属要想配合得好沟通得妙，就要讲究匹配度。如果上司和下属没有很好的契合度，结果就会使工作停滞不前。作为一个领导，在选择下属的时候，不能只看其工作能力，还应该注重性格、做事风格，甚至是兴趣爱好。作为一个员工，要想与领导关系融洽，有好的发展，也应该选择跟随和自己性情匹配度高的上司。

张老板最近在忙一个项目，项目对公司十分的重要。由于前一段时间的金融危机，张老板的公司受到了严重的冲击，而这个项目是目前可以拯救公司，让公司起死回生的一根救命稻草，张老板忙得昏天暗地的，苦于没有一个得力的助手可以帮自己分忧解愁，于是他想通过网络，招聘一个经理助理来协助自己处理相关的事情。他命令人事部尽快地在各个网站发布消息。此外，张老板还叮嘱人事部经理，所招的人最好是一个充满活力的人。张老板是让工作上的事给忙怕了，想赶紧找一个精力充沛的人来帮他拿下项目。人事部经理知道这件事的重要性，不敢怠慢，当天下午就派人到中华英才、智联招聘等各大招聘网站进行信息发布。第二天，就收到了许多简历，人事经理从中挑了一个最有经验的名叫林清的中年人，看上去身体很好，精力充沛，确认他的简历没有掺假后就草草录取了。张老板心里的石头落了地，对林清十分客气。而林清呢，也觉得这个时机非常好，感觉自己生命中的春天来了，干好了可以晋升为项目经理。双方对于未来都怀揣着无限期待。

　　然而，令张老板感到惊讶的是，这个助手来了之后，不仅没有使项目的进展加快，而且差一点毁了公司。原来，张老板的性格比较温和，对谁都很客气，但是控制欲比较强，喜欢下属按自己的吩咐去工作。而林清的脾气有些暴躁，并且十分自负。林清看张老板对自己客客气气的，事事都要问他的意见，于是感觉自己的地位在公司是最高的，且自我感觉一天比一天好，常常先斩后奏。虽然他的做法是站在公司的立场上，而且有利于公司的发展，但是有哪一个老板能够容忍下属不把自己放在眼里呢？张老板开始表现出不满，找林清谈过几次话。然而，林清的性格让他依然我行我素。并且有好多次竟然跟张老板在办公室吵起来。两个人的不和使得项目的进展变得十分缓慢，最终张老板忍无可忍，将林清辞退了，并且吸取了教训，招了一个能力和林清相当的性格温顺的女孩。这个女孩对张老板毕恭毕敬，只要是他吩咐的就一定会去做。在张老板的带领下，女孩十分努力，项目的进程逐渐恢复正常，并且进展顺利。最后，公司的危机被成功地化解了，女孩也升为项目经理。

　　这个故事告诉我们，上司和下属的契合度高，力量就能往同一个方向使，上司和下属不匹配的话，工作时会南辕北辙，反而使工作无法进行下去。作为一个领导，在挑选下属的时候，一定要注意下属和自己的匹配度。张老板控制欲强的特点和林清自高自大的性格是不匹配的，因此工作效率很低；后来招的女孩性格温顺，正好符合张老板的要求。作为一个员工，在求职和工作过程中，一定要好好考量你和上司的匹配度，如果死活匹配不来，那也别强求自己了，大胆地寻找和你相匹配的上司吧！

3. 劳而无功是因为你工作不分轻重缓急

很多人都有过对领导这样的抱怨：我一天到晚忙得跟陀螺似的，连喝水上厕所的工夫都没有，他却说我没干活儿，吃闲饭，这是眼瞎了……

亲，你是没有闲着，但你不是没有错，错就错在没奉上领导最急于得到的成果。其中的根源就在于你做事不分轻重缓急，工作的节奏没有掌握好。是的，领导同时安排你ABCD四个任务，当他急于你交出A的解决方案时，你非得拿不重要的D和他沟通，你当然不会有好果子吃了。

某公司北京办的装修项目刚刚完成，上海办就来了一个大项目，这可把北京办的主任小媚给累坏了，小媚主任整天忙得七荤八素的。这个时候，恰巧赶上红十字会每年例行的向贫困地区捐款活动，很多同事都说要捐款，助理小蔷去找主管商量。小媚主管显出一副不耐烦的样子，对小蔷说她很忙，并且命令小蔷不要烦她。小蔷气呼呼地跑去和一位做人事的朋友诉苦。还好这位朋友很有经验，她也认为小蔷很不讲逻辑，她不懂得在两件以上的事情之间权衡利弊，本来应该抓大放小，结果她抓小放大。小媚主管认为眼下最重要的是上海办的大项目，而小蔷却拿对于上司来说不重要的事情去和她商量，上司当然不予理睬了。用这位朋友的话说，小蔷的做法简直就是跟个没头苍蝇一样，逮什么做什么。

很多人都知道，有一门课叫《形式逻辑》，是教人做事要讲究逻辑。在工作中，讲求逻辑是很重要的，因为我们每一天都会面对很多事，有大有小，有轻有重，讲求逻辑可以提高我们的工作效率，这是针对于个人工作而言的。在和领导的相处中也要讲究逻辑，不要认为逻辑无足轻重，只要低头工作就可以了，就拿最简单的来讲，假如在工作中分不清轻重缓急，势必会影响你在领导心中的地位。

这种现象是很普遍的，人们常常在意做不做事情，却很少去想什么事情是主要的，什么事情是次要的。而在和领导相处的时候，常常拿对领导来说不是很重要的事情去烦他。人的精力是有限的，不可能把所有的事情都在同一时间做完，那么就应该从中选择最重要的，这涉及一个工作效率的事。人的精力毕竟是有限的，总要抓住重点，先完成重要的事情。这就涉及经常被提出的二八原则，其实道理并不难懂，即80％的产出来自20％最至关重要的行动。也就是说工作中应该解决主要矛盾。如果能够分得清事情的轻重缓急，往往会赢得领导的好感，领导高兴了，升职就近在眼前了。

张洁是一家房地产公司的业务员，由于能说会道，善于琢磨客户的心理所以在工作上得心应手，业绩一直很好。好业绩是一把双刃剑，既给张洁带来了荣誉，也为她带来了麻烦。经理总是夸赞张洁，不管大会还是小会，总会提到张洁的名字，对比之下，有一些不求上进、业绩一团糟的员工对张洁产生了恨意，有的只在背地里嫉妒她，有的在工作中尖酸刻薄，用讽刺的语言挖苦张洁，更有甚者居然背地里使坏。

有一天，张洁在办事处值班，有一个刚在公司买了房子的客户带着一些朋友来买房子，这个客户和公司的总监交情很好，这次介绍了十多个人，办事处人手少，张洁忙里忙外地为客户做解说。恰巧张洁的同事王城平时嫉恨张洁，这天找来了一个人假扮消费者投诉张洁在售楼的时候态度不好。经理虽然不信，但觉得还是把张洁找来当面问清楚比较好。于是让张洁放下手头的事马上到经理室来。张洁放下电话后没有立刻去见经理，而是接着耐心地给客户讲解和办手续，直到和同事们把这一群客户送走才去找经理。经理先是有点不悦，问她为什么这么慢，张洁向他解释了办事处的情况，并说："我想解释个人问题是小事，接待重要的客户是大事，再说，我的工作态度您是清楚的，不可能会有人在这方面投诉我。我想我不用着急解释什么，让您调查一下再解释岂不更好？"听了张洁的话，经理满意地笑了，本来心里有火，一看手下办事能分得清轻重缓急，心里十分的欣慰，于是对张洁更加赞赏。事后，经理认真调查了一下，揪出了造谣生事的同事，并且经过老总同意，提拔了张洁。

可见，领导喜欢的是办事能分得清轻重缓急的人，张洁本来是违抗了经理的命令，没有立刻到经理室去见经理，但结局却是喜剧收场。领导每天都要面对很多的事情，没有精力做到关注每一件事，所以他们希望下属能够将最主要的事情放在首位，如果有人不知道轻重，做事没有主次之分，势必要引起领导的反感。

因此，在做一件事之前，我们首先应该判断它的重要和紧急程度。一般来说，分为四种情况：

第一类是重要而且紧急的事情。这类事情是当务之急，对你来说是最重要的，或者是工作中的最关键环节，或者是和你自身的利益紧密相关，或者是这件事是后面工作得以顺利完成的基础，或者是领导最关心的那部分……那么你应该马上去做这件事，不能拖延。

第二类是紧急但是不重要的事。在工作中，我们总会遇见一些貌似很紧急的突发状况，它们就存在于当下，就摆在你的面前。比如你在拜访客户的路上遇到了多年不见的老同学，老同学很热情，你不忍心急匆匆地走开，但是你的时间的是有限的，聊天会占去你拜访客户的宝贵时间，很有可能由于时间不够而做不成生意。那怎么办呢？先去干更重要的事情吧，可以抽一个周末请他到家里吃饭，那时候再好好叙旧吧！

第三类是重要但是不紧急的事情。这件事不是迫在眉睫，不会让你措手不及，但是从长远来看你必须先解决它，假如搁置在一边，你的工作就无法顺利进行下去。比如你的英语水平一般，勉强可以听懂外国客户说话，你一直在想提高英语的表达能力，但是却总是被眼前的事情弄得分身乏术。这类事情一般都在你的规划当中，很重要，和你的梦想有关，关系到你的未来发展。对于这类事情，如果你不懂得处事轻重缓急，安排时间学习的话，就永远只是计划。因为你虽然知道它重要，但是没有人为你规定一个完成的期限，所以你会一拖再拖。因此，你需要理智客观地分析一下，把这些重要的事情一一去实现，注重它们的时效性。

第四类就是既不紧急又不重要的事情。这些事往往可做可不做，比如逛街，旅游等等，它们不紧急，而且不做的话也不会产生什么副作用，如果专注于这些事的话难免让人感觉不务正业。对这些事情适可而止是最明智的，不能让生活只剩下工作而少了乐趣，也不能将宝贵的时间过多的花在上面。

职场上，虽然有无数的事等着我们去做，但是，我们应该学得聪明一些，分清主次。如此不仅节省时间，而且可以获得领导的青睐，进而有更多的升职机会。

4. 抛弃看客心态，做一个主动沟通的人

很多职场人都懒得与领导沟通，能不找领导就不找领导，即使是万不得已需要汇报工作，也是提高语速，就事论事，说完赶紧就走，决不在领导办公室多待一秒钟。还有就是巴不得领导一辈子都不找咱才好呢，只要按时发工资就好。不要觉得待在自己的人生"舒适区"真好，其实这是在

错失与领导沟通的机会，要知道在许多公司，尤其是以业务为主，并且发展迅速的公司机构，老板多会在公司内部筛选优秀的管理人员，而这些具有潜在管理能力的员工，大多是懂得沟通，并会积极主动沟通的人才。

有这样两个年轻人，他们俩在大学毕业后同时进入了一家公司，俩人专业知识都很扎实，工作也很勤奋，也有好的工作业绩。可是，一年以后一个成了业务主管，另一个却依然默默无闻。

为此，私下里有许多的议论，甚至有人说成为业务主管的那个是老板的亲戚。

有人就问他们的上司，但上司只说了一句话："只是有的人让你放心而已！"

原来，普普通通的那个只知道埋头工作，很少主动向上司汇报工作，拒绝和领导沟通，总是躲着领导。而成为业务主管的那个则总是积极主动和领导沟通，定期向上司汇报工作。每次出去谈项目都要在结束后的第一时间将情况报告给自己的上司，遇有一些特殊情况，也总是先请示上司有什么样的意见和想法，再做决定。每次出差在外都要报告出差在外的工作情况，回公司的第一件事是先向上司作汇报。所以，上司对这个勤于沟通的下属很放心，也愿意安排给他一些重要的项目和外出任务。如此一来，这位下属就掌握了很多的资源，建立了广泛的人际关系，也取得了很好的业绩，在公司的地位和影响也就越来越大，提升他做业务主管也就水到渠成了。

这就是主动沟通和躲避沟通的差别，所以身在职场，一定要做一个主动与领导沟通的人。

如果你恰好是个懒得和领导沟通的人，该如何改变自己呢？很简单，改变两种第一反应——看客心理、敷衍，你自然会变得积极主动起来。

看客心理的第一反应

什么是看客？就是以一种看客的身份出现在职场中，静静地等待各种事件的发生、发展与终结，这一切好像与自己无关。例如：

看着上司忙碌的身影、焦躁的神情、疲惫的身体，你感觉跟他们完全生活在两个世界里；

老板们为什么要这样想、为什么要这样做，你从来不理解，也不认可；

那个同事到底什么个情况，为什么他们不来跟我主动沟通；

为什么上司不来关注我的工作，不理解我的难处；

……

这就是你的看客心理。

对于职场的你，漠然的看客心理是危险的，主要是因为：被动的看客心理使得你将自己与其他人割裂为两个世界，无法达成同步，进而渐行渐远；被动使得你站在老板、上司的对立面考虑问题，进而加深裂痕和矛盾；被动的看客心理使你看上去像个怨妇，会疏远关系、降低信任、破坏氛围。

其实，整个职场就像一部巨大的机器在运转，不管你是否喜欢、接受，都会被毫不留情地吸进来，成为其中的一个组成部分。既然进来了，就必须跟整部机器一起运作，没有哪部机器会停下来等待，只能靠我们自己去积极行动，去适应、去协调，在心态、动作和行为模式上与这部机器保持高度一致。

在职场中打拼的我们，如果不能认识到这个本质问题，把自己当做看客，无法与整部机器合拍运转，就必将被机器运转的巨大力量无情地甩出去。

由此，职场需要积极主动的第一反应。所谓积极的第一反应，是指对待各种工作事务，不要再等待、徘徊、犹豫，而是积极行动起来，采取各种主动的动作，去适应和应对。针对上面提到的那些问题，如果能够站在积极主动的角度，采用积极主动的第一反应，情况将会完全不同。

例如：

主动观察自己的上司是怎样工作的，告诉自己要像上司一样去工作；

主动去观察、关注领导们所忧虑的、所期待的；

站在老板的角度考虑问题，对事务做出判断和应对；

固定自己的沟通系统，在固定的时间，用固定的方式，和固定的人做特定事项的沟通；

能够站在别人的角度考虑问题，用别人喜欢的方式对待他们……

做到这些，其实非常简单，只要改变看客心态，变动自己的第一反应，以演员乃至主角的身份参与剧情的发展，积极主动地参与故事的演绎和进展。

敷衍的第一反应

敷衍的第一反应，就是以最低的标准要求自己，追求简单、省事、省力的结果，甚至是得过且过、敷衍了事的消极态度。例如："管它好不好，先交上去再说"，"随便找个人去处理一下"，"糊弄一下，没人会去检查"，"这事儿，跟我没什么关系"，"你们自己看着处理吧，少来烦我"……

日常工作中，类似的情况有很多，其中：

负责完成的一份报告，应付差事似的完成了，其实连自己都对这份报告不满意；

虽然也参加会议或讨论，更多的却是躲在角落，不贡献自己的脑力和智慧；

上司分配下来的工作，只想随便处理一下，而不想做到尽善尽美；

当有人咨询某件事儿，非常随便地就会说"这事儿跟我没关系"；

总是站在自己的角度进行分析和判断，决定是否去做，或怎样去做；

……

敷衍的反应，是职场成功的"恶性肿瘤"，不仅会侵蚀其他健康的肌体，更会恶化并危及生命。由于敷衍的反应，原本一次可以顺利完成的工作，不得不拖延，甚至返工，而需要付出更多时间，增加成本；由于敷衍的反应，工作成果总是会被认为"不合格"，造成资源的浪费；因为敷衍的反应，容易让我们站在被剥削、被奴役的地位，永远跟上司的要求是两个标准、两种模式，无法形成"合力"；因为敷衍的反应，会被认为是一个不值得信赖和托付重任的人，最终可能是没人愿意与其合作共事。

想要在职场上取得成功，就必须有追求最佳的第一反应。所谓追求最佳的第一反应，就是用最高、最好的标准要求自己，力争达到最佳和完美；即便是琐碎的、日常的工作，也要做到让上司惊喜。例如：

接受一项工作，只有自己确信完美了，才会提交给上司；

像老板一样思考和判断，把上司的满意作为自己的工作的"最低标准"；

始终把最好的自我展示出来，把每场比赛都当成决赛一样去对待；

即便是面对日常报表这样的琐事，也要发挥自己的才智做到与众不同；

……

改变以上两种第一反应，追求最佳的第一反应，这能够帮助你激发潜质，充分调动智慧并扩充思路，应对难题，长此以往，职场上展示出来的必然是一个令人赏心悦目的自我形象，这种形象能够让上司放心和安心，与其有效沟通自然不是一件难事。

有人说，领导都很忙，有事没事就找他沟通会不会惹他烦？这就需要你拿捏好主动沟通的度，你不可能天天去找领导"沟通"吧，否则就落的一个不务实、只会逢迎拍马屁的坏名声，领导也会对你另有看法，所以我们一定要谨记无事不登三宝殿，事先选择好话题，或者是要汇报的工作，或者是想提出建议，另外也要一个明确的时间把握，大概需要多长时间，做到心中有数。

5. 越级沟通是条死胡同，怎么沟都不通

和上一节所提到的拒绝和领导沟通的胆小鬼不同，现实生活中，还有一些非常乐于沟通的野心家，他们不屑于和直接上司对话，非常希望自己能和高层进行交谈，而且对方级别越高越好。这些人都有这样的心理：假如博得了高级别的人的赏识，那么升职就指日可待了。于是他们想尽一切办法，建立和高层领导的联系。这种想法不无道理，确实，职位越高权力越大，对于自己的发展就越有利。然而，联系的方式不正确的话，就会适得其反，不仅使高层感觉到很为难，而且会破坏和直接领导的关系。

刘瑞是一名刚毕业的大学生，他有野心有抱负，立志要在职场上打出一片天地。凭借着出色的创新能力和扎实的专业知识，毕业后不久，他就被一家公司录取，做了平面设计师。

刘瑞的顶头上司是张经理，在齐他看来，张经理虽然是部门经理，会对自己的发展起很大的作用。然而，他的权力毕竟有限，如果自己想尽快取得发展的话，就应该多接触更高层的领导。刘总的级别比张经理要高一些，他管理策划部、市场部和销售部，是公司的副总。刘瑞便暂时将目标锁定在了刘总身上，他打听到刘总的联系方式，并且决定找一个合适的机会在刘总面前展露自己的才华，以获得支持。

有一次，刘瑞做好了一个设计，并且对成果很满意。他明白，这个成果本应该交给张经理的，但是为了尽快让刘总了解自己的能力，于是在第二天，刘瑞便给刘总写了一封邮件，将成果展示给了刘总，并且附上了一封诚恳的介绍信，向刘总介绍自己的特长、知识结构和职业规划。

刘瑞心里美美的，想象着刘总在看了自己的设计成果后脸上浮现出满

意的笑容。没想到，第三天刘瑞便分别接到了刘总和张经理的邮件。刘总在邮件中写道："抱歉，我对这个项目不了解，不能对你的工作成果做出任何的评价，负责这件事的应该是张经理，请尽快把成果交给他！"而张经理在邮件里则写道："小刘，向刘总汇报成果是我的工作，我知道你体谅我的辛苦，减少我的工作负担，我很感谢你。但是，你做好本职工作就可以了，剩下的由我自己来做吧。"刘瑞隐约觉得事情不妙，果然，他连试用期都没有过，就因为一个芝麻大点的小事被张经理辞退了。

　　这个案例告诉我们，不管你的能力如何，性格怎样，领导对你是如何的欣赏，一旦越级，你的境遇就会变得非常危险。越级报告的结果不会像你想的那样美好。就像刘瑞一样，他的本意是想让直接领导的上司来关注自己，然后可以更快获得提升机会，而刘总却像打太极一样，将刘瑞的报告推回到张经理的手中。刘总真的是不了解那个项目吗？真的对刘瑞的设计做不出任何的评论吗？不是的。只不过是推脱的一种借口而已。刘瑞是张经理的手下，理应由他来管理，刘总不会越过张经理来指导刘瑞工作的。而张经理是真的感谢刘瑞吗？不是的。只不过是委婉地表达意思并且缓解气氛的方法而已。刘瑞的设计成果很出彩，假如交给了张经理，或许他会很赞赏，在刘总面前夸赞刘瑞也不是不可能。然而，刘瑞的越级汇报引起了两位领导的反感，所以，就算是有能力，最终也逃不脱被辞退的命运。

　　还有一种越级，是比越级报告还要严重的沟通行为，那就是越级申诉。有时候我们对于领导的某些做法会很不赞同，有的人会努力地去适应领导，或者是找到一种折中的行为方式来解决这个问题。然而，有些人解决矛盾的方式却未免太过于极端：他们会到上级那里去控诉自己的直接领导。这种行为就是外企HR制度中的越级申诉。

　　在《杜拉拉升职记》就有这样的片段：王蔷是玫瑰的下属之一，是北京办的行政主管，浑身上下散发着一股傲气。她对于上司玫瑰的领导风格持反对态度，不光满是怨气，而且总是付诸行动。拉拉由于刚上任时对玫瑰的性格不熟悉，于是联系她。没想到，王蔷竟然鼓动拉拉一起越级申诉，向李斯特反映她们对玫瑰的不满。关于越级的事，王蔷以前就干过，她曾经给李斯特写了一封E-mail，内容是说自己和玫瑰的意见不和。王蔷的本意是想通过向玫瑰的上级反映问题，使玫瑰受到重创，从而维护自己的利益。结果李斯特却将E-mail转发给了玫瑰，让玫瑰处理。我们可以想象，玫瑰在收到这样一封邮件的时候是怎样的心情，她会当做什么都没发生而和王蔷继续和平相处吗？

可见，老总们在收到这样的控诉信之后，并不会作出你想要的决定。一般来说，越级申诉会有两种结果：要么就是老总把你的报告送回部门经理那里，令其按常规程序办；要么就是老总将你的报告按下不动，好像没有这回事一样。不管是哪一个结果，都不是你真正想要的。孰不知，你这一行为给你带来的负面影响是巨大的。首先，权衡再三，老总对你的急切心态持不置可否的态度，如果说在挫伤部门经理的积极性和令你失望之间只能选一个的话，我想他会很无奈的选择后者；其次，部门经理从此会对你"另眼相看"，他会认为你根本没把他放在眼里。这样的事情不用多，只要一次就够了。你在上司心目中的地位会一落千丈，势必造成上下级之间的隔阂和冲突。另外，通过这件事，众人会认为你是一个急功近利的人，谁会愿意和你说心里话呢？那么，这不就得不偿失了吗？

或许你是一个职场菜鸟，根本不懂得规矩，但是，职场上没有"不知者无罪"的说法，现实就是这么残酷。所以就算你的报告是正确的，或者是很有说服力，你也是破坏了单位的正常运行程序，而且你将你的顶头上司置于了一个十分尴尬的境地。即使你成功了，在以后的工作中，上级们也会心存芥蒂，认为你对他们也可能采取同样的行为。

所以，一般情况下，不要打越级报告。而越级申诉就更不可取了，这种行为是在用你自己的前途来做赌注，企业制定这样看似公平的制度，最主要的目的是起到一个预防和告诫的作用，或许短期内你达到了让上司受到重创的目的，但是从长远来讲，你却输了，没有人愿意重用一个申诉过自己主管的人。

可见，在和上级有矛盾的时候，要保持理智，要找到一个合适的方式来解决，越级申诉是不可取的。在王蔷鼓动拉拉站出来和她一起越级反对李斯特的时候，拉拉并没有采取行动，她知道越级的危险性。相反的，她采取了另一种理智的方法来处理她和玫瑰之间的关系，那就是积极设法和玫瑰磨合。因此，拉拉和王蔷的结局也就截然不同了。

无论是日常工作，还是解决和上级的矛盾，越级的行为都是最不理智的。在这方面切记不可存在侥幸心理。

6. 要听懂上司的职场"黑话"

很多员工和领导沟通上存在这样的问题：明明是他自己说的，我按照他说的做了，结果还是惹他生气，冲我一顿吼，真是一个变态狂！真不知道他说的哪句是真的哪句是假的。

你有所不知，实际情况是，上司嘴里说出的话真的不能全信，他们很少很少会实话实说。

上司嘴里谜一般的"言外之意"

上司说话经常会有谜一般的"言外之意"，心地单纯的员工往往会错了意，故而做错了事。所以，聪明的员工可要听明白了上司的"言外之意"。请看下面这些令你大吃一惊的"谜语"。

说是"可以放假"，其实是要你来上班

今年五一小长假前，才从部队转业到地方的小季就经历了一次让他摸不到头脑的"上司谜语"。

放假前一天，快下班的时候，小季办公室几个人都不在工作状态，想着明天就可以休息，都有点按捺不住兴奋，有人在聊天，有人在收拾包，还有人在打电话。突然处长走进来，看到这一幕，似乎有点不高兴，但口吻还算轻松，说了句，"过几天上头来检查，大家工作都做完了？做好的可以不用来上班。"这样一句话，小季没在意，本来就是国家规定的假期，当然不用来上班了，何况他自认为工作都做完了。

4月29日那天，小季在家睡了个懒觉，又出去跟朋友聚了个会，等到他下午4点多上网的时候，却发现办公室包括处长在内的几个同事似乎不约而同都在线上。办公室的同事平时除了上班，极少上线，明明是休息，怎么他们都上网呢？小季心中顿时有不祥的预感。跟其中一个关系好的同事在网络上一问才知道，原来当天大家都去上班，当然，除了他。第二天，小季起了个大早去上班，处长也在单位，小季遇到处长的时候没看到一丝笑容，让他仿佛感到一阵寒风吹来。

解读：其实，那天处长的口吻，明摆着是对大家都很不满意，这样的情况，谁敢说自己工作都做好了，再加上处长又强调上头要来检查，言下之意，大家都需要来加班，只是小季没闹明白。

问候"好久不见"，其实说你业务量太低

莉莉是一家广告公司的业务员，经常在外奔波，上班时间比较灵活，不一定每天都出现在办公室。但公司对于业务量的考核却是丝毫不马虎，每个月还将排名公布在公告板上。

莉莉的顶头上司是部门的业务经理老张，今年45岁，平时讲话不多，常面无表情，对员工要求很严格。不久前，莉莉因为一些私事，几天都没有外出拜访客户，也没到办公室。一天在电梯里遇到老张，对方笑呵呵地问了一句"莉莉，好久不见哦。"莉莉一怔，笑笑也没说什么，心想老张是不是遇到什么喜事了，心情这么好。没过几天，公司内部贴出通报批评名单，莉莉发现了她的名字，而这些名单是由部门经理提交给公司的。

解读：莉莉在后来跟资深同事聊天的过程中，无意提到此事，对方点醒她，经理一句"好久不见"是在批评她业务量不行呢！

询问"是否恋爱"，其实说你工作心不在焉

吕涛最近考上了公务员，他的领导对他也亲切。最近突有一次跑到他办公桌前问了一句："小吕，你最近是不是恋爱了？"这让才分手不久的小吕听得是云里雾里，哭笑不得。同事们都知道他和大学里谈的女朋友分手不久，一般都尽量不在他面前提起恋爱或相关的事，领导怎么会哪壶不开提哪壶。

"这难道是要给我介绍对象吗？"小吕对此百思不得其解。可是不久后，小吕发现，这位领导对他的个人问题似乎并没有想象中那么关心，反而对他越来越冷淡，甚至见面也不说话，这让他惶惶不安。

解读：领导的意思是对小吕最近工作心不在焉的状态不满意，想敲敲警钟。

夸奖"你有潜力"，其实说你现在没实力

小周是一家广告公司的策划专员，工作压力很大，经常要写策划方案，几天前，公司接到一个大单子，动员全体员工都参与写策划案，积极竞标，并表示最后被客户选中的有重奖。作为新来的员工，小周自然是绞尽脑汁，花了好几天的时间写了一个方案，交给部门主管过目，主管看过后，淡淡地笑了笑，夸奖起小周来："还是很有潜力的孩子，好好干以后大有可为。"

听了这样的夸奖小周自然很兴奋，感觉倍受鼓舞，认为这次自己的方案颇有竞争力，于是回到家又反复修饰，连续熬夜工作了几天。谁知到，过了几天，公司宣布结果，小周的方案连候选都没进入，这让小周相当失落了好几天。

解读：所谓的有潜力，一方面是对现在的状态还不满意，实力不够；另一方面，希望员工不要因此丧失信心，而应该继续努力。

白领要听懂的一些"黑话"

（1）善于社交

如果有一天你跟领导出去应酬，他在客人面前夸奖你特别善于社交，你先别高兴得太早，因为那意味着你一定得在酒桌上好好表现，不将对方喝好喝倒，你可就真对不住他的夸奖了。

（2）最近公司效益很不好

许多老员工恐怕都非常害怕听到这句话，因为公司的效益不好意味着可能养不活现在这么多人，裁员那一天可能已经不远了。

（3）这人很随和

要是哪天领导说你是个随和或者好脾气的人，你可以注意了，那意味着他认为你个性软弱，容易被人欺负，准备喊你去做加班、跑腿、出差等等苦差事。

（4）可以再考虑

如果你的方案遭到领导这样的评价，那你还是别再考虑了，直接换方案是最好的办法，这句话的意思就是"不行"。

（5）上级要来检查

当上司跟你讲这话的时候，别以为只要明天自己谨慎度过就可以了，最好是今天就留下来加班。

（6）夸你幽默

别以为上司这样一句话是因为你讨好他让他心花怒放呢，因为他也许在暗示你，你在办公室说的"闲言废话"太多了。

最近家里面事比较多？

若是哪天上司莫名其妙地来了这么一句，相信他十有八九不是在关心你的家事，而是嫌你在工作上不够努力。

听说你跟某某关系不错

注意了，这是怀疑你私自向其他部门透露本部门的情况。若是哪一天发现你们部门和这个部门的设计方案重合了，那么这个泄密的嫌疑人无疑就是你。

如何猜中上司的"谜底"？

一位从事人力资源研究的专家告诉我们，"上司谜语"的产生，首先与汉语言博大精深有关，同样的话在不同的语境、语调下，也许意义相差甚远甚至是截然相反；其次，这和企业类型也有关系，一般而言，包容、开放的企业文化以及宽松、和谐的团队氛围，会使得"打谜语"的概率小一些，相反，则"打谜语"就多一些;最后，还跟上司的性格有关，有些人喜欢有话直说，直来直往，不喜欢拐弯抹角，有的人则比较含蓄，给人留面子，讲话点到为止。那么如何能够猜中上司的"谜底"呢？

（1）察言观色法

作为新员工，尽量懂得察言观色，比如那话在当时的情况下是很自然，还是显得很奇怪，如果一反常态，十有八九是在表达其他的意思。

（2）及时请教法

每个单位都有一些资深而热心的老同事，虚心向他们请教，一定不会错。不过需要注意的是，一定要问对人哦，若是问到了有小人倾向的同事，说不定告诉你反的意思，让你出洋相。

（3）集体装不懂法

有个领导特别喜欢讲话拐弯抹角。后来底下同事们就商量好，集体对她的话装不懂。她说什么都只听表面的意思，经常是误会重重。上级领导在每个人面前都碰了钉子，只好慢慢改变说话习惯。

（4）经常反省法

领导打谜语，大多只有两重意思，一是表达对员工工作的不满，另一方面就是为了激励下属更加努力的工作。因此，最好的办法就是经常反省自己的工作，努力做好自己该做的事，这样就不必猜谜了。

7. 要掌握升职的主动权，职场好运是谈出来的

很多人都有这样的经历，自己有一个很切实际的职业规划，而且付出了努力，在努力的过程中，提高了自身的能力。但是，当我们自认为理想就要变成现实的时候，一切都仿佛凝固了。那个平日里常常称赞你的上司，对于你的升职居然绝口不提。你一定感到很愤怒吧。不要着急上火了，因为这是一个普遍的现象，你的遭遇也和运气没有关系，好薪水和好职位是需要谈的，这点你或许一直都没有明白。那么从现在这一刻，就应该把这句话牢牢地记住了。

职场好运是谈出来的

有业内人士透露，一些专家做过一项调查，调查的对象就是世界500强的牛企业。结果表明除了企业规章制度里的一些年终的加薪以外，大部分的老板是不会在平日里为员工上调薪水的。然而，得到特殊提薪的员工也是存在的，那他们是不是因为干得太好了，老板看在眼里，然后就给他们加薪了呢？答案是否定的。这些加薪大多都不是老板主动给他们加的，而是他们谈出来的。

很多人不明白，不是说只要干得好，老板自然就会为你加薪吗？如果你拥有这种观点，那么就赶紧改变它。好薪水无一例外都是谈出来的。当然，事情不是绝对的，不排除你表现得过于突出了，老板想通过给你加薪

起到刺激其他员工的作用的情况。但这种概率是很低的。我们每个人拼命工作是为了什么呢？不就是想要得到更好的发展，拥有一个好职位，生活得舒服一点吗？因此，就不要去期待那低的可怜的概率了。大部分老板不会因为你要求少而高看你，反而会误认为你级别低不值钱。因此，不要认为，只要自己做好了职业规划，进了不错的公司，找了一个好方向，就可以等着你想要的东西自己从天上掉下来，实际上这样的想法在老板眼里就是弱智。

如何争取升职加薪

在明白了好职位需要自己去争取这个道理之后，就涉及到怎样去争取的问题了。首先应该明白一点，自己的能力以及为公司做的贡献是争取好职位的必要前提。假如你只能创造出1000元，那么就不要去要求1500元的职位，老板无论如何都是不可能答应你的。所以，和老板开口之前，一定要估量好自己的筹码有多少，没有筹码的谈判是不会成功的。老板就要问你了："凭什么给你那么多钱呢？"我们要先找到要求升职的理由，才可以和老板去谈职位和薪水。只有筹码够大才能争取到好的职位，否则，谈薪水就等于和老板纸上谈兵。

促成升职的谈判方法

如果你拥有了谈职位的资本，那么你就具备了升职的可能，不过仅仅是可能，因为假如不注意方法的话，就算你有再多的等码也起不到作用。现实生活中，有这样的人，他们为公司创造了丰厚的利润，渴望老板可以走过来告诉他，他被升职了，但是老板迟迟都不来，苦苦等待却没有结果的之后，他们再也无法平静，或许是背地里到处抱怨老板的吝啬，或是以在工作上偷懒作为对老板的报复，或者干脆直接怒气冲冲地跑到老板面前质问，为什么不给自己应有的提升机会。所有这些冲动的做法都会适得其反。因为，升职不仅仅是意味着一个人薪水的增加，对于企业来说，升职意味着把一个人放在了一个更重要的位置。如果风风火火地去要求高薪，只能是暴露了自己的缺点。而且让老板误解你将升职的期待只停在物质层面。因此，就算是谈，也应该找到一种合适的方式。

　　吴丽在一家广告公司工作，由于她的专业是广告设计，而且对这个行业十分感兴趣，于是干得游刃有余。吴丽为人勤劳好学，为公司做了不少贡献。到目前为止，吴丽已经在公司待了有三年了。这份工作确实给吴丽带来了不少机会，而且让她很有成就感，但是，有一件事始终像一块大石头一样压在吴丽的心里。那就是，三年前吴丽来到了这家公司，当时的职位是一个普通的策划，薪水也只有两千，在这三年中，吴丽的业绩特别的突出，她从没有要求什么，她认为，只要自己做得足够好，老板自然会提拔自己的。可是这一等就是三年，老板只是象征性地给吴丽每月加了10%的薪水。吴丽觉得自己的水平已经够部门经理了，就算是不能提为经理，那副经理也可以啊。可是，老板心安理得地让她做着经理的工作，却拿着普通员工的薪水。吴丽越想越觉得生气。尤其是有同事问自己："吴丽，你怎么三年了还没提升啊？难道和老板有矛盾不成？"她更是觉得自己委屈。吴丽把这种消极的情绪带到了工作当中，工作上开始偷懒，老板渐渐发觉了，有一次开会，老板批评了吴丽，吴丽本来就委屈，这下子被激怒了。她想道："你不是不给我升职机会吗？那我就主动和你要。当着这么多人的面，反正我的能力大家都是有目共睹的。"

　　于是，吴丽噌的从座位上站起来，怒气冲冲地对老板说："这都是因为您不给我提升，我为公司干了这么多，您居然提都不提，给我那么少的薪水，那我只能干那么多活了，要想让我干的和以前一样多，您就让我做策划部经理吧。"

　　周围的同事都惊呆了，他们没有想到吴丽会用这么不明智的方法对老板提出升职的要求。

　　只见老板的脸，青一阵，红一阵，最后一言不发地走了出去。众人都在想老板会有什么样的决定，吴丽的话可是让老板他丢尽了脸面啊！让大家吃惊的是，两天后，老板居然答应了吴丽的要求，不仅让她当上了经理，而且还给她配了一间独立的办公间。

正当吴丽高兴的时候，却有一个同事跑来说她不小心听到老板和副总的对话，内容就是说吴丽野心太大而且不会处理问题，决定给吴丽出个难题赶走她。果然，不久之后老板就给了她一个"死单"。由于有三年的工作经验，吴丽知道，这样的死单是绝对不可能完成的，而且还会惹到客户。对自己在行业内的口碑会造成严重的影响。吴丽平静的想了想，最后想明白了，老板表面上答应给自己升职，其实是要找理由让自己走啊！如果直接炒掉自己，难免会有人嚼舌头，像这样的"死单"公司在平常是怎么也不会接的。如果吴丽留下来，办砸了就会影响到自己的口碑，就算是办好了，老板要是铁了心让自己走，那还不简单吗？吴丽权衡了一下其中的利弊，无奈，只好做出了辞职的决定。

吴丽和老板谈薪水和职位的方法显然是不对的，她不仅没有心想事成，反而丢了工作。如果她换一种合适的方法，相信老板也不会不给她升职的。那么，怎样才能通过主动和老板谈话来达到升职的目的呢？在这点上，我们应该向电视剧上的那个职场达人杜拉拉学习。拉拉在认识到只有自己去谈薪水才能获得提升的时候，她没有像同事吴丽一样沉不住气而指责老板。拉拉先是很直接地问李斯特，能不能让她当经理，李斯特打着官腔拒绝了拉拉。

第二天，拉拉用发邮件的方法来和李斯特沟通，指出自己为公司所做的贡献，罗列了自己加班的时间，而且附上了六个月的加班单扫描件，每张上面都有李斯特的亲笔签名。这让李斯特十分的"头大"之后，拉拉在取得何好德的支持后，再一次找到李斯特，当面交流。由于拉拉有理有据，而且还赢得了李斯特的顶头上司的声援，这就使李斯特没有理由推脱，于是，拉拉梦想成真了。不得不承认，拉拉确实是一个谈判高手，掌握着巧妙的谈判技巧，最终得到了自己应有的回报。

可见，我们想要获得提升，首先不能守株待兔，其次是要讲究方法。

虽然说主动要求升职不一定在任何情况下都是正确的，然而，在有把握的时候适当地表达一下想法，也是很有必要的，说不定就会有惊喜呢。

8.　如何说服上司给予你更多的资源扶持

争取资源是善用资源的前提，而能够争取到自己所需要的资源，是职场人士必备的能力之一。工作原本就是调配资源、整合资源和运用资源最大化的过程，而争取资源主要是向自己的上司争取，现实工作中，获取自己需要的资源特别是额外资源，并不是件轻松、简单的事情，例如：

总觉得现有的业务平台吸引不到心仪的客户；

总会感觉自己手里的资源远远不够用；

想去争取更多的额外资源，结果总是碰一鼻子灰；

费了很大劲儿，努力半天，所得到的资源远远少于自己所期望的；

总是感觉上司太吝啬、抠门，不情愿把资源放心地给我们使用；

感觉苦恼，不知道怎样向上司争取自己所需要的资源支持；

……

诸如此类，都表明向上司争取资源的不易。其实，你大可不必烦恼，首先我们必须清楚，争取资源本来就是件难事儿，因为：

一来，任何资源，总是有限的、稀缺的，给了甲就不能再给乙，所以上司必须要权衡其中的利害关系；二来，上司在分配资源的时候都抱有"好钢用在刀刃上"的想法，总想把资源使用在关键位置，这本无可厚非，下属要理解上司的这种心理；三来，上司会进行成本—收益分析，估算其所投放的资源所能带来的收益，而选择把资源投放在最能产生效益的地方。

人们总为争取不到资源而抱怨，其实并非是上司紧握资源不给，也绝对不是"会哭的孩子有奶吃"。关键的问题在于：你争取资源的目的与上司们资源投放的期望，两者之间能否能达成一致。

这个达成一致的过程，就需要申请资源的人从自身找原因，以便寻求突破口，实现两者之间的完美对接，以获取到想要的资源。

以A单位为例，每年，社里都向我们部门资助20万元的备用金。那么这20万元是用在广告部还是活动部呢？请看广告总监和活动总监各自的做法：

广告总监是这样对部门经理争取的："这两年广告环境不好您也知道，这笔款能否分配一点给我们，冲抵我们今年一部分任务啊？"经理一听就火了，直接拒了，还一顿训斥。

活动总监是对部门经理说："领导，咱们的活动越来越有影响力了，在客户中反应很好，但是客户都建议我们今年的活动声音做得更响一些，这样的话他们和我们合作的力度会更大一些。如果这样的话，今年咱们的利润涨得就不是一点半点了。"说完这些，活动总监还把客户的诉求和跟进状况挨个和领导汇报，还拿出了一张活动的投入利润率分析。领导很轻松地就同意了。

很显然，广告总监是在诉苦，活动总监是在赚钱，假如你是领导，相信你也会支持后者。所以，如果你眼下的工作也需要资源，必须向上司申请的话，给你提以下几点建议：

一方面，申请资源需要足够的理由支持，没有理由和借口就不可能得到任何资源。所以，必须清楚自己为什么需要资源，资源将使用在什么地方，以及如何利用这些资源才能获取最大效益，还要包括怎么避免浪费等。

另一方面，需要给予上司明确的承诺和信心，这是善用资源的前提条件。承诺资源利用思路和方法，承诺资源使用收益，作为申请资源的人，有责任对可能获取的资源做出充分预估，并对此向自己的上司承诺。

据此，可以归纳为：希望争取到所需资源，必须准备至少三个理由，并做出一个承诺。这是一种追求最佳的第一反应，从争取到自己所需的资源，并且能够实现资源效用最大化。对于争取资源的过程来看，最重要的还是我们所做出的承诺，首先，我们要承诺资源利用的思路和方式，让上司知道我们有能力充分利用好资源；其次，向上司承诺利用资源的关键点所在，是如何实现"好钢用在刀刃上"的效果的；再次，向上司承诺我们会珍惜所获得资源，不会有任何的浪费情况出现；最后，需要向上司承诺，他们所投放的资源所能产生的收益。

尽管争取资源不易，但绝不代表争取不到资源；而要想获得自己想要的资源，就必须准备至少三个理由，并做出一个承诺。

第八章

出来混职场不是做慈善，
会干还要会表现

为啥职场"怨妇（夫）"那么多？是因为不会表现的人太多。

为啥需要表现？各位小主小爷，你是出来工作的，而不是做慈善事业的，或者是学雷锋做好事不留姓名的。这些是美德，但不适合用在职场竞争中。作为现代职场人士，健全的意识应该是这样的：我要做得好，但也要表现好让领导看到知道。这样才能发展得好。

作为一个有理想有抱负的职业青年，你有义务通过表现进入伯乐的视线，帮伯乐发现"千里马"，否则，你就是"罪过"了。

1. 为什么你干了活还是受气包

"明明我干得比他好做的比他多，为啥领导那么喜欢他而我就不招人待见？为啥同样努力，他风光无限我就被领导视而不见？

我们发现，身边有很多人都面临着这样的困惑：他们踏实肯干，忠心耿耿地为单位出力，上班从不迟到早退，接到任务不管多难，哪怕加班加点都会在最短的时间完成，他们认为劳动是光荣的，服务是必须的，无论是体力劳动还是脑力劳动，他们有一个信念，那就是多劳多得，认为领导看得见每个人的努力，所以自己只要埋头好好干，领导肯定会看在眼里，记在心上，并且认可自己，给自己应得的那份；他们认为很多事不要麻烦领导的好，能解决的就自己解决，这样干更能施展自己的能力，而且帮领导分担各种忧愁，解决棘手的问题也会让领导心存感激……然而，不知道是哪里出了错，他们这些干活最多最卖力的人却死活得不到领导的认可，还会费力不讨好的时常受委屈，像个十足的受气包，不管怎么干，领导就是不待见。这些人确实很委屈，干的比别人多，却没有别人待遇好，是典型的廉价劳动力，不用哄就乖乖干活，像个软柿子，可以被任意捏来捏去。在最开始，他们还可以忍受，但是时间一长就会抱怨了。俗话说，人比人气死人，本来他们心里就很不舒服，偏偏周围有一些清闲而风光的人刺激着他们的神经，放在谁身上都会难以接受。

这些情况很多人也在职场上遇到过，唯一一点要提醒你的就是，要善于总结，在含冤后不必一味的伤心难过，而是深入分析，然后找到改变自己境遇的方法。

首先，我们一定要相信事出有因，这种境遇的形成你自身是脱不了干系的。

出来混你不是来做慈善的

我们来看这件事情本身：我们提倡一个人工作努力，兢兢业业，一个勤劳的肯干的员工理应受到领导的喜爱，但是前提是老板看到你在辛勤的工作，知道你克服了很多的困难，倘若你不声不响就把活干了，领导自然不了解情况，怎么能肯定你？我们是到一个公司中工作，而不是做慈善事业，或者是学雷锋，做了工作不留名，这些美德不是用在职场竞争中的。我们需要被肯定，只有在被肯定的前提下才能有动力发展自己，只要你是一个有理想的人，有自己的职业规划，就应该把领导变成你的伯乐，帮助领导发现自己，让领导提供更多发展的机会，这样才能够实现自己的价值。

必须通过汇报工作让老板知道你干了什么

作为一个管理者，他往往日理万机，十分忙碌，我们需要汇报，但是他未必会有时间或是有精力来认真地听，认真地想。对于这个问题，我找到了一个很好的方法：把每一阶段的主要工作任务和安排都做成清晰明确的表格，发送给上司，告诉他如果有反对意见，在某某日期之间告知我，不然，我就会按照计划走。这样的表格可以使得上级清楚地知道自己的任务量，而且提出日期的限定就可以防止上司收到以后不及时看。这个表格可以给大家一个启示，那就是我们既要向领导汇报，又要掌握技巧，不能毫无条理让领导理不出头绪，应该言简意赅，一目了然。

在处理和领导的关系的时候，有一点常常被我们所忽视：我们当然不会总麻烦上司为我们解决棘手的问题，我们常常是自己费了很大力气解决了问题之后却得不到领导的肯定，因此感觉很丧气。然而，我们应该想到的是，上司根本就不了解我们工作的难度，自然无法看到你的付出了。他会认为，既然你没有找他帮忙，那么，那些任务自然是在你能力范围之内，甚至觉得你的工作对于你根本没有挑战性，很有可能下次会给你一项难度更大的任务，这样恶性循环，你自然感觉自己的得到和付出不平衡了。针对这种情况，你可以这样做：每次遇到难以处理的问题还是会自己解决，只是要挑一个合适的时间去找上司讨论，所谓合适的时间就是要在他清醒且不烦躁的时候。具体的做法是先让他了解事情的难度，等他感觉到头疼的时候，再告诉他两个方案，让他帮着选一个，这样一来，就使得上司更加及时地了解你的工作技巧和能力。

另外，对于一件事情的结果，我们要和上级主动汇报，不要等上司问的时候才说，应该是把大项目的主要过程及时汇报给上司，让他了解自己的执行力，并且汇报要简洁清楚，让上司感觉你没有给他找麻烦。

把以上陈述归结到一点，即要想和上司处好关系，就要做好汇报工作，进而可以防止自己干了活还受气。只会工作却不会表现的人是不容易成功的，往往会满腹委屈郁郁不得志。然而，虽然知道在和领导相处的时候需要沟通，但却没有掌握汇报技巧的人同样也会费力不讨好，得不到领导的肯定。

2. 让上司知道你在干什么比你具体干什么重要百倍

问你一个问题：你现在在做什么你的领导知道吗？

假如你的回答是否定的，那下面的内容你一定要认真阅读了！

上司和下属各有自己的工作与职责，每天都各自忙着自己的事儿。尽管在同一个办公室，尽管抬头不见低头见，但是如果我们随便去问某个人："请问，上司知道你在忙什么吗？"多数人会茫然不知怎么回答。

其实，下属都不希望自己每天被上司盯着，也不想让上司知道自己在干什么。总之，职场中的普遍现象是上司通常并不清楚我们在忙些什么。

来自台湾的蔡总是著名的地产项目策划人，来大陆之前，他的一个部门经理刚刚开了一个员工。他说那天部门经理来在办公室问一个业务员："你近来在忙些什么？"于是，第二天就把那个业务员辞退了。

有人问："为什么要辞退他呢？"蔡总用好听的台湾音解释道：你在公司里就职，你的上司都不知道你在忙些什么，也就没有忙的必要了，你表现太差了。

随着自己职业经验的累积，很多人对"让领导知道你做什么比你做什么更重要"的理解，更加清晰、更加透彻。对于下属而言，由于缺乏职业经验，很多风险的孕育，往往就在不经意间；或者某些工作，费尽心思摸索的思路或方法，或许本身就是错误的……

对于这些情况，如果我们能够跟上司经常沟通和交流，让他们知道我们在做什么，及时得到指导和帮助，能被有效规避掉。能够得到上司具有针对性的、具体的指导和帮助，是一个人能否快速成长的关键所在。而怎样才能得到上司的指导和帮助呢？

什么事都不想让上司知道，或者上司也不清楚我们在忙些什么，彼此之间缺乏沟通和了解，也就无法得到上司及时的提醒和指导。"让上司知道我们在忙些什么"，随时把自己的动向和工作告知上司，以便他们能够尽早发现问题，及时给予指导或帮助。遗憾的是，很多职场人或许是因为害怕，都不情愿让上司知道自己在忙些什么。

对某些下属而言，把自己暴露出来，就仿佛是被上司监控了一样，容易被上司挑出毛病，遭受批评。其实，问题是上司的批评或指导难道是出于恶意吗？

答案显然是否定的。或许某些上司的批评或指导，有过激情况存在，但也不能因此就认为他们是心存恶意。上司们大都希望自己的下属能快速成长，能独当一面，所以，他们也尽可能多给下属一些指导或帮助。

能否更快速进步而独当一面，很大程度上取决于我们是否能够得到上司的及时指导或帮助，而要想获得及时而有效的指导，第一反应就必须是让上司知道我们在忙些什么，这比我们当前所忙的更重要。所以，要每天或定期向上司汇报自己的工作和感悟。积极主动代表着良好的工作心态和意识，积极主动的人更容易被关注和重视。

3. 秀的是肌肉，而不是优越感

日常工作中，好些进取心比较强的人，为了得到上司和同事的肯定，都在刻意地表现自己的长处，行事高调，企图通过这种方式维护自己的形象和尊严，突出自己。但是如果过于傲慢高调，处处显示高人一等，那么无形之中是对他人自尊和自信的一种挑战与轻视，别人对你的排斥心理，乃至敌意也就不自觉地产生了。

小段在一家报社工作，在领导眼中，他是一个非常有能力的记者。因为他不但有高出一般记者的洞察力，常常能挖掘出具社会影响力的选题，而且写的稿子也是既有文采，又具深度。

为此，小段很受领导的赏识，报社有什么重大选题都交给小段，小段也从不推辞，认为能者多劳。虽然，工作方面的安排都是领导定的，但是次数多了，同事就不满了，认为领导的工作安排不公平了，好的选题老是被小段霸占，从不给别人一个表现的机会。渐渐的，小段被同事疏远了。但小段仗着领导器重他，并不觉得自己有什么错，反而觉得同事太嫉妒他。

有一天，报社记者部主任跳槽了，报社需要挑选出一个新的主任。小段觉得自己是主任的不二人选，因为无论能力，还是资历，他都有优势。

然而报社高层决定采用民主选举的方法，让所有员工投票选出自己心目中的主任。结果报社没有一个人选他，大多数人把票投给了一个名不见经传的人。

更惨的是，新上任的主任再也没有把报社的重点选题交给小段负责，而只让他负责一些鸡毛蒜皮的小事。小段由失落到失望，最后不得不辞职了。

在办公室里，要想出人头地，的确需要适当表现自己的能力，让同事和上司看到你的卓越之处。但如果不知收敛，总是想表现出高人一等的姿态，处处都有优越感，那么往往在职场竞争中会输得很惨。

为什么这么说呢？因为在心理交往的世界里，人与人之间理应是平等和互惠的，正所谓"投之以桃，报之以李"。那些谦让而豁达的人总能赢得更多的朋友，天天门庭若市，日日高朋满座。相反，那些妄自尊大，高看自己，小看别人，时刻充满优越感的人总会引得别人的反感，最终在交往中使自己走到孤立无援的地步，别人都敬而远之，甚至厌而远之。

《菜根谭》中说："藏巧于拙，用晦而明，寓清于浊，以屈为伸，真涉世之一壶，藏身之三窟也。"也就是说，在人际交往中，做人可显得笨拙一些，不可显得太聪明；宁可收敛一下，也不可锋芒毕露；宁可随和一点，也不可自命清高；宁可退缩一点，也不可太积极前进。这是获得人脉支持的一大法宝。

优越感的概念最早由奥地利心理学家阿德勒提出，他认为人类无时无刻不在面临自卑的压力与挑战，为了消除这种压力，个人会发展出各种补偿机制来战胜自卑感，而其过分补偿有可能导致优越感过剩。具体地说，对自卑感的抗衡力量是补偿，补偿会推动一个人去不断追求个人成长的卓越。阿德勒还认为，优越感过剩有可能导致个人的自以为是与不思进取。由此可见，过度展现优越感，本质是自卑的表现，它会导致人们因渴求认可而变得色厉内荏，因炫耀自我而变得外强中干，终而虽家出名门能力非凡却表现平庸。袁绍和袁术就是例子。

袁绍与袁术是族兄弟，俩人在东汉末年群雄割据的时代一南一北，一度成为各路诸侯中实力最强者。袁绍曾参与主持朝政，更因讨伐董卓而名扬四海，袁术也曾积极参加讨伐董卓，后称帝汝南。如果以其之合力，在东汉末年一统天下并非难事。然而两人最后都落了个身败名裂的下场。就心理学而言，这也是他们骨子里的优越感过剩酿的祸。

这个案例，对职场上那些优越感极强的人，尤其是富二代们有振聋发聩之作用。

当今之职场极需个人具有综合实力和突出表现，如何处理好个人的优越感，建立和谐的职场人际关系，非常值得职场优等生的关注。在此当中，人们要注意做到以下几点：

（1）摆正心态

一个人，无论家世有多显赫，能力有多突出，都要摆正心态，放低姿态，以个人奋斗来证明自身的价值。孤掌难鸣、独木难成林，要看得起自己，又不能夸大自己，以一颗平常心看待自己在团队中的作用。

（2）从零做起

那些优越感十足的人，比如富二代们，显赫的家世既是他们资源，也成为他们的负担。他们唯有抱着从零做起，从头开始的心态，才能走出家族辉煌的阴影，树立自我的地位。在这当中，富二代要培养艰苦奋斗的精神，以自力更生为荣。

（3）关怀他人

职场优等生越是能够关心他人，就越能够引人注意。与此相反，越是自觉高人一等，就越有可能激起别人的敌意。其实，每个人都渴望他人的尊重和关怀，职场优等生由于其能力突出，其关怀表示有可能得到加倍的回应。所以优秀的你不要吝啬美言他人，这其实是你获得领导信任和同事拥戴的最简便方法。

（4）修炼性格

生活对所有人都是公平的，压力与机遇并存，磨难与成长共振。一个人只有不断历练自己的修养与能力，才能保持自己的卓越优势。

4. 上司和你一样，喜欢做选择题，不喜欢做问答题

日常工作中，下属们总会遇到一些问题需要向上司请示，并希望得到回复。这个请示过程看似简单，实际上却并非如此，职场上很多下属在做工作请示的时候，的确存在某些"硬伤"。举例说明如下：

领导，这个月价格促销的效果不明显，下一步咱们该怎么办？

领导，我们部门想搞个郊游活动刺激一下销售，您看能否给我们一些预算？

领导，感觉最近员工的士气总是不高，您能不能给我些建议？

领导，刚才接到客户投诉，认为所投放的广告没效果，要求咱们退款，您看该怎么办？

……

作为下属，在工作中发现了问题或遇到麻烦，大家的第一反应就是跑来向上司请示汇报，并得到上司的指导，是一件再正常不过的事情。但是，这实际上是把一个复杂的、难解的"问答题"抛给了自己的上司，要上司来破解这些"工作谜题"。

如果下属们的请示所抛出的问题是"问答题"，大概是有着三个假设：

一是，自己的上司们都非常空闲，有着非常充足的时间和精力；

二是，自己的上司已经掌握了解决这个"问答题"足够多的信息或数据；

三是，自己的上司对"问答题"背后的细节、复杂的关系以及来龙去脉都了如指掌，非常清楚。

所以，在这种假设前提下，下属们抛出"问答题"才能得到快速、正确的批复。而事实上，上司们并不知道"问答题"背后发生过什么，隐藏着怎样的关系；他们也根本不具备进行正确批示所必需的完整、准确的数据和信息；而最大的问题还在于，上司的时间宝贵，根本不可能有足够的时间去收集信息和资料，然后再经过分析、判断，做出正确批复；尽管作为上司，他们在经验和判断力上具有很强的指导性，但涉及某些专业的问题，例如设备采购、财务核算等，解决的过程，则更为复杂和烦琐。

下属的工作请示，不应抛"问答题"给上司，而应当用"选择题"的方式请示工作。

我们都喜欢做选择题，无论是当年应对学校的各类考试，还是走出校园后参加各种智力挑战赛，我们都喜欢从几个备选答案中挑选，而不喜欢"无中生有"做填空题、问答题。请示工作时的选择题，就是面对问题或状况，下属自己先要调动自己的经验和智慧，预先提出各种应对或解决方案，像"选择题"那样列出解决选项供上司判断和选择，而上司也只需在某个解决选项上划勾即可。相比之下，那些抛"问答题"的下属则完全不用自己动脑。

例如："领导，最近感觉员工的士气不高，该怎么办呀"这道问答题，现在我们尝试用"选择题"的方式，看看情形会有什么不同。

领导，我感觉最近员工的士气不高，业绩也受到了影响。这两天，我跟大家沟通了一下，感觉主要是邻近春节，很多客户都忙着业务拜年和要账，没有精力跟我们谈广告业务，而我们的业务员也都想着买票回家过年，所以整个团队士气不高。

我感觉春节前这段时间还是很宝贵的，我们必须提高团队的士气，我有两个方案，您看怎样？

一是，我们在团队内部做个竞赛，业绩排名前五的，公司帮助解决回家的火车票；

二是，搞个激励活动，对表现良好的，公司准备一个春节大礼包。

您看这两个方案，都不会超过5000块预算，而增加的收入可能是50万，您看选择哪个比较好？

对于上司而言，原本复杂的"问答题"已经变成了简单的"选择题"。实际上，下属有责任和义务，在请示工作的时候提交"选择题"，而不是"问答题"。因为对于反映问题的下属而言，他们才是问题的直接当事人，掌握着最全面的信息和资料，最了解整个事件的来龙去脉、细枝末节，加之有着自己的利益诉求，所以有可能、有必要也应当有能力提供出备选的解决方案。而此时，上司们所要做的，也只是根据自己的经验、知识，以及眼光和智慧，对列选的解决方案进行分析，并作出方向性的判断即可。

对于下属而言，必须明确其实没有哪个上司喜欢做"问答题"，所以把"问答题"抛给上司是不明智的做法，甚至会导致上司们出现错误的判断或决定。能够向上司提出"选择题"的下属，是为上司分忧的下属，因为他们意识到自己有职责和义务，把问题解决在自己能力所及的范围之内。

所以，建议各位把所请示的问题，由"问答题"改为"选择题"，以便让上司用划勾的方式做出判断，从而提高决策和执行的效率。这是上司所高兴的，也是下属积极调动自己的脑力和智慧的体现。

5. 自己满意了，再把成果拿出来"晒宝"

职场上所有的工作流程都可以抽象为：接受指令，然后执行，再然后交出工作成果。

　　当有工作成果要提交给上司审核的时候，你应这样质疑自己：这个结果我自己满意吗？自己满意了再拿出来"晒宝"。

　　A主管，在日常工作中经常会验收下属们的工作成果，但他的做法并不是立即接受他们的成果，而是会首先问一句："请问，你自己对此已经足够满意了吗？"

　　假如得到的回答是非常肯定的，那么A就会把成果接受下来；否则，就会请他们拿回去继续修改、完善。也就是说，A不会接受一份来自下属的，连他们自己都不满意的所谓成果，管理者所要的是"成品"而非"半成品"。

　　职场上，上司的时间很宝贵，且精力有限。如果下属们所提交上来的都是"半成品"，存在很多的问题和不足，连他们自己都无法满意的话，那么，上司将会非常尴尬，因为这将耗用自己很多的时间和精力，甚至难逃返工的结果。下属们对自己的成果不满意，本身就说明还有修改和完善的必要，有继续提升和优化的可能。

　　然而，令人遗憾的是，在工作过程中很多领导都会遭遇下面的状况，例如：

　　这个方案漏洞百出，稍微动动脑子就不会这样，重做！

　　这是什么稿子啊，根本就不符合"齐清定"，重写！

　　这是什么呀，让人看不懂，马上拿回去重新修改！

　　我希望看到些新的东西，有创意的文案，而不是这种简单的照抄照搬！

　　你做的这个东西，我很不满意，纯粹是糊弄差事儿！

　　……

提交一份令自己满意的工作成果，是下属的职责所在

　　不要把一件"半成品"提交给自己的上司，也不要把一件自己都不满意的成果提交给上司。对于自己所提交的工作成果，暂且不论上司是否认可，是否满意，而首先要追问自己是否满意了。提交一份首先令自己满意的成果，是下属的基本职责。这需要我们借助自己的脑力和智慧，调动周边的各种资源，把整体思路和流程整理清晰，甚至每个环节、细节都考虑明白，在执行过程中尽自己最大努力，追求最佳的工作成果。

把自己满意后的成果提交给上司，并不是一个过高的要求，甚至可以说是一个最低要求。但是，现实中一些人所持有的态度则是"反正还要修改"，甚至是直接想敷衍一下，糊弄一下，能混就混过去。如此工作态度下，形成的工作成果怎样，就可想而知了。

工作态度是透明的，掩映不得

一个人的工作态度是透明的，是无法掩映的。你是精益求精的还是糊弄差事儿的都可以通过你的成果得到说明。假如你抱有"首先自己满意"以及"追求最佳"的态度，来完成自己所负责的工作，那么你提交给上司的成果多半是可以令他满意的。

追求最佳的工作态度不仅是做事的良心所在，是职业道德所在，而且是涉及个人未来发展的问题。抱有这种工作态度的人，即便可能由于经验、能力和技巧等方面的不足，结果总会存在些问题，这种态度也是能够被看到的。而那种敷衍的，想草草了事蒙混过关的态度，会呈现在工作成果上，给上司留下不负责任的印象。

其实，说到底，还是那句老话：人的智商都差不多，不要把上司当傻子，连你自己都不满意的"半成品"，上司也不会认可，这是常识。

6. 讨价还价，必须恪守上司的底线

工作中，的确会有些事情需要我们去跟上司沟通，或者去讨价还价，以便进行变更或调整，但此时作为下属，必须具备的常识就是，绝不要触碰上司的底线。

那天，发行部在召开第四季度的发行动员大会。根据前三个季度的发行情况，形势很是不容乐观，所以第四季度的发行任务形势非常严峻，发行部主任开始给大家下达"死任务"了。年轻的发行部主任在要求他的下属：

小张你要完成多少多少；

小孟你要完成多少多少；

小雷你要完成多少多少；

……

小雷是连续三年的发行冠军，今年他负责的西北区域发行下滑严重，第四季度的任务指标他没有信心完成，仗着自己在办公室有一定的发言权，他站出来给主任讨价还价了，他说：

领导，今年的形势您也知道，在国家反腐倡廉的号召下，好多基层的费用都严重压缩，订杂志根本就没费用，我们确实很为难，再说连续三年我们都超额完成了，今年就不能放宽一些吗？

发行主任一听，直接怒了，高声训斥他：把你的话收回去，什么是死任务你懂吗？就是必须要完成，没有任何协商的余地！

小雷不吱声了，陷入极端的郁闷当中。

……

不可否认，日常工作中，有很多事情都是可以协商、变更、妥协或调整的；相对而言，刚性的，不可商量的事儿却不多。或许正是因为很多事情可以讨价还价，可以回旋，使人们产生某种错觉，认为所有事情都是可协商、可妥协的，就像小雷那样。甚至有人养成了希望通过协商解决一切问题的习惯；久而久之，就不把公司的制度、规定，以及上司的命令、任务等太当回事儿。例如：

很多下达的任务，即便是明确规定了完成时间，也不能按时完成；

给了上司完成某项工作的承诺，而最终却没有拿出任何结果；

上司所要的结果，等执行结束之后，却发现与他们的期望值相去甚远；

违反了公司的规定，却总希望通过例外甚至通过修改制度，摆平所有遇到的麻烦；

遇到问题，不是想着如何按照公司规定或流程操作，而是先想如何绕过它们投机取巧；

......

类似的情况，比比皆是，在发生问题而被追问的时候，下属们总是会找到各种理由、借口予以拖延、搪塞、狡辩，希望变更或调整，甚至直接把责任推给别人，对此团队管理者也多是无可奈何。

"余地"不可以擅闯，权利不可以滥用

毋庸置疑，任何公司在运营过程中，总会存在或者预留某些可供协商的"余地"；但问题在于，即便是有这个"余地"，也不能代表我们有进入这个"余地"的权利，更不代表可以使用这个"权利"。否则，汇总我们消耗在协商、讨价还价上的时间和精力，正是所谓"内耗"，绝对是惊人的。

我们认为，下属有责任避免智慧和精力被过多浪费在"讨价还价"和所谓"妥协的智慧"上；要明确每个上司，其实都有一条清晰的底线，协商的"余地"必须是在这条底线上展开。

上司的底线是"绩效"

作为下属，在沟通和协商的时候，必须清楚上司的底线；可以就某件事情去讨价还价、协商甚至去狡辩，但要求是不能逾越上司的底线。那么，这条底线到底是什么呢？是绩效！

你有你的工作任务，上司也有上司的绩效要求，上司也有他的上司，他也要接受考核，他的考核标准比你的还要严格。

绩效，上司所负责的绩效，就是底线。绩效可以表现为很多情形，例

如销售任务、利润比率、项目执行进度、结果要求、协办事项的成果等等。任何的工作沟通、协商，或者讨价还价、拖延、推卸等都不能触及，或者影响到上司所负责的绩效这条底线。

上司的底线不允许挑衅，这是一个基本的职场规则。这条底线之上，多数事情都可以在和谐或者友好的氛围中进行；但是，一旦这条底线被碰触到，情况将变得非常糟糕，甚至不可收拾。

"底线"的上与下，是完全不同"质"的两个问题。作为下属，在安排工作、处理事务的时候，需要增强对上司底线的认知，知道哪些事情不可商量，哪些事情不可讨价还价，哪些事情上司是不可能妥协的，等等。尊重上司的底线，不在底线之下跟上司讨价还价，底线上面不远的那个危险而敏感的"红色区域"也最好不要触及，这样的你才会得到上司的赞赏。

下属要根据"上司底线"和那个"红色区域"，提升自己的理解和认知，调整自己的心态和意识，改变自己的行为和习惯，以便能够在那些"绿色区域"里可以自由地沟通、协商。

7. 老板想要的远比你所做的更丰富

日常工作中，我们总会接受来自上司的临时任务指派，让我们做这个、做那个，或者去负责完成某项工作，除了具体任务之外，上司还会把他们想要的结果告诉我们。然后我们就乖乖地按照上司的吩咐去做了，而结果很多并不顺理成章地得到上司的认可，他们对我们提交的成果并不满意。可是我们看起来真的完成了啊，他们为何还是不满意呢？这到底又是为什么呢？举个最简单的例子，上司吩咐我们去采购一批办公用品，于是我们很快去市场，把办公用品给买了回来。

而结果呢，会被上司追问半天？"你买的多少钱？""是去批发市场买的吗？""为什么不去批发市场呢？""这种东西，质量过关吗？""要是不好用的话，能退货吗？""有没有多比较一下价格，是否还有更便宜些的？""能不能跟他们谈长期合作，价格优惠些？"……

当被这样质问时，你心里很不舒服，觉得上司是在怀疑你的人品、你的能力，或者你讨厌他像个唐僧一样啰嗦个没完。其实，作为下属，我们必须清楚，上司想要的远比我们所做的复杂，上司所要的远比我们所想的更丰富：

更完善的执行流程，确保每个环节环环相扣，没有任何疏漏；

更高的工作效率，要求工作能在最短时间内完成；

更低的费用预算，能够用最少的钱办最多的事儿；

更好的工作成果，希望下属能够想到做到他们所没有想到的；

……

总之，领导们都希望更省心、更放心、更安心、更开心。作为下属，我们要知道上司想要的总比我们所能做的丰富完美，这是一个基本常识，我们喜欢也好，不喜欢也罢，接受也好，不接受也罢，总之，要想使得自己负责的工作能够得到上司认可，就必须提升自己的认识高度，因为我们的意识和行动完全控制在自己手中。

有个故事，大家可能很熟悉。

某老板带着两个学徒，打算让学徒甲成为正式员工，而学徒乙感觉很不公平。于是，老板说，那你去集市，买些土豆回来吧。很快，学徒乙买了2斤土豆回来了，说2毛钱一斤，很便宜。随后，老板又让学徒甲去集市上买些土豆。很快，甲也回来了，非常兴奋地说：我去看了土豆，发现距离我们最近市场的土豆是2毛钱一斤，而那个较远的人们去得较少的市场却是1毛8；而且不仅土豆，像黄瓜、白菜、芹菜等蔬菜，都有不小的价差，这是个不错的商机如果可能，我们可以赚些差价。

老板说，这就是差别！的确，同样是去市场上买土豆，学徒乙所理解的和所做的，仅仅就是机械地买土豆回来；而学徒甲不仅买了土豆，更重要的是他还顺便了解市场行情，分析了蕴含的商机。

两人的表现差异是非常明显的，区别并不是在于老板吩咐或安排了什么工作，而是在于他们自己的意识和态度。

接到上司分派的一项工作，在明确哪些是上司想要的直接结果之外，还要考虑到，通过我们的智慧和努力，还有哪些是我们可以顺带做到的，或者如何达到最优的结果。也就是说，如果我们能够带着让上司惊喜的导向去工作，那么就容易调动我们的潜能，把简单的、烦琐的事情做到极致。而这些，基本上就是上司所期待的。

明确老板想要的远比自己所做的复杂，就会使得我们在机械完成工作的同时，更深地思考老板想要的是否还有其他东西，尽管没有说，或者没有明确表达出来。总之，当我们在接到一个来自上司的任务的时候，第一反应要告诉自己，上司想要的远比我们所做的复杂，所以我们就得开动脑筋、调动智慧，把他说出来的和没说出来的都做到，把工作做到最佳。

8. 做个能为上司分忧的人，才可能成为他的红人

表现欲较强的员工，常常在殚精竭虑地思考这样一个有点俗但很真实的问题：我已经很卖力很听话了，为何还不能成为上司眼里的红人，成为他的心腹？

原因很简单，因为你和其他员工没有差异性，都是普普通通为上司分劳的人。

工作中，下属所承担和负责的工作，其实都是为了实现上司的绩效和职责。职场中，我们首先是为上司工作，这是一个基本规则。所以，在工作中是为上司分劳，还是分忧，结果就会完全不一样。

我们做得最多的，是为上司分劳的事

不可否认，我们每天所关注的、操办的，其实最多的都是为上司分劳的事儿。例如：

每天，都在忙着手头的工作，感觉筋疲力尽；

上司交代的工作，我们能够很快完成并提交成果；

尽心尽力地辅导自己的下属，希望他们能够独当一面；

兢兢业业地工作，为了把自己分内的工作做完、做好；

……

能够让自己的上司放心、安心、称心和开心，纯粹是下属职责范围内的事情。作为职场人，特别是想有所作为的职场人，这些分内的、上司分配的工作，只能算是为上司分劳的工作。上司需要的，其实是不单能为自己分劳，而更能为自己分忧的下属。

在上司眼里共有三类人，你是哪一类？

在上司的视野里，下属分为三类，他们分别是：

A类人：能分忧的人，上司们都有自己忧虑的事情，很多是难言之忧，而这些上司所忧虑的事情，是下属们完全可以分担的。职场专家将那些能想上司所想，忧上司所忧的人，称做为上司分忧的人。能为上司分忧的人，是积极主动地为上司着想的人，做的工作大都是自己认为"应当做的"，他们不会等待上司的吩咐或指示。

B类人：能分劳的人，就是上司叫做什么就做什么，且能做得很好。日常工作中，多数都是琐碎的、例行性的工作，而这些工作耗用的主要是体力和时间，较少需要花费智慧，这些事情多属于"必须做"的工作，而分劳的来源在于履行工作职责和上司的任务指派。

C类人：既不能分忧也不能分劳，且经常添乱的人。这种人不仅不能完成为上司分忧和分劳的工作，而且还经常为领导惹麻烦，添乱子，是注定要被淘汰的。

如果，我们希望能够被公司认可，委以重任，首先必须使自己成为为上司和公司分忧的人。为上司分忧的人，能够发现和注意到别人视线所不及的问题，并能够主动提出解决方案；能够提前预知到各种可能的问题和风险，并进而完成提醒和应对的策略；能够打破潜规则，就那些司空见惯的问题提供更好的管理方案。

职场成功的过程，就是学会为上司分忧的过程

职场中，能够为上司分劳的人很多，他们或者能够按部就班地完成自己的工作，或者能够保质保量地完成自己的销售任务，或者能够给其他同事提供完整的服务，等等。他们承担着大量日常工作，最终所获得的只能是稳定的工作、良好的口碑或者较低的管理职位。

能够为上司分忧，是优秀管理者的必备素质。遗憾的是，并没有人，也没有哪条规则告知人们要为上司分忧，这完全是出于个人意识，且外在表现为积极主动的行为。分忧和分劳看似差别不大，是完全不同的两种态度。当然，分劳是分忧的基础，分忧的人当然必须首先能够分劳，而分劳的人则不见得能分忧。

职场成功的过程，实际上就是学会为上司分忧的过程。分忧需要我们站在更高的工作高度，想上司所想，急上司所急，忧上司所忧，积极主动地发现问题并寻找解决对策，能不再依赖上司的指派而进行工作。总之，如果想获得上司的重视，你必须使自己成为能为他分忧的人。

9. 作风正派的上司不会喜欢"林妹妹"

职场，是我们展示实力与智慧的舞台。若想在职业发展中打拼出一片天地，能够获得自己所期望的成功，就需要始终把自己的最好状态展示出来，要把正面而肯定的态度、饱满的信心、积极主动的行动、决不抱怨的做法、追求最佳的结果等展示出来，这些是构筑成功大厦的支柱。

然而，非常遗憾，很多人不仅没有将自己的最好一面展示出来，甚至让人们看到的、感受到的却是他们较差甚至最差的一面，其中：

经常看到一些员工林黛玉一样地向上司诉苦，一副弱不禁风的样子；

经常听到很多人祥林嫂一样喋喋不休地抱怨，痛诉自己遭受到的各种不公待遇；

有些员工在接受任务的时候，脱口而出就是"不可能"、"做不到"；

某些人在执行某项工作的时候，瞻前顾后、畏首畏尾；

甚至，会看到一些职场女生居然用眼泪作为武器，来"勾引"上司动了恻隐之心可怜自己；

……

这些做法即是"示弱"行为。所谓示弱，包含诉苦、抱怨、退缩或者哭泣等。尽管职场并非战场，但也绝非可以期望得到平等或者温馨的"避风港"，"适者生存"是其铁的法则。

职场不相信眼泪

"职场不相信眼泪"，任何在职场中打拼的人，都会遭受委屈或误解，都会经历挫折与无助；但是，没有人会相信你的眼泪。上司们会因为你的示弱，而开始怀疑你的能力；同事们会因为你的示弱，变得从内心感觉异样甚至轻视；假如是管理者，在下属面前示弱，更会遭到下属的鄙视。

不要在上司面前示弱，不以弱者的姿态出现，哪怕是遭受到了天大的委屈与不公。没有哪位上司喜欢总是诉苦、投诉的下属，没有哪位上司喜欢那些只知道抱怨的人，没有哪位上司会喜欢那些总把"不可能"挂在嘴边的人，没有哪位上司愿意认可畏首畏尾的人，没有哪位上司喜欢使用哭诉武器对付自己的人。

职业能力要求上无男女之分

"职场无男女"，是职场的又一法则。某些职业女性，在遭遇委屈或者不公待遇的时候，会用哭诉来对付自己的上司，结果会把上司搞得狼狈不堪。公平而合理的待遇，不是靠眼泪争取来的，美好的未来更不是靠眼泪争取来的；成功所依靠的，是我们每时每刻都将最好的一面展示出来，从而赢得上司的信任，同事的协助，下属的尊重。把最好的自己展示出来，不仅是要给公司、上司们看，同样也是给下属、同事看，这是一种姿态，绝不示弱的姿态。

当然，并非职场没有人情味、没有关爱，而是作为职场人，必须清楚这里是职场，是需要我们展示个人能力、实力和智慧的地方，不要奢望这里充满理解与关爱，因为这里并不是温馨的港湾，可以任由我们诉苦、抱怨和哭泣。

不在上司面前示弱，而要把最好的自我展示出来，让大家看到积极主动的、乐观自信的、正面而肯定的、不抱怨的、承担责任的、追求最佳的我们，只有这样才能赢得美好未来。尽管职场上会有冰冷的态度、无情的攻击、艰难的境况，但无论如何，我们必须清楚在遭遇这些情况的时候，正确的表现就是，绝不在上司面前示弱，给人留下"林妹妹"的印象。

10. 十分的能力，八分的表现

工作上，有上进心和表现欲固然是好，但也不能太过劲了。

小林本来约好的请朋友一家三口吃饭，结果只是朋友带着孩子来了，她家先生爽约了。问她为何；她说先生病倒了，心脏不好，血压也不好，好像是低压偏高，不容易治疗。可怜的今天一早就被领导叫去加班，回来后就躺床上休息呢。

她家先生才三十岁，怎么年轻轻的小伙子就成病秧子了呢？

朋友说，她家先生在中建某局上班，压力太大了，去年的招标任务原本是3000万，结果她老公很能干，一下子完成了5000万，领导高度赞扬，一激动给他今年定了一个亿的任务指标！其实老公去年能完成5000万已经是运气占了很大成分了，谁知道领导层这么"看重"他呢，早知道悠着点了。可是现在已经晚了，既然领导如此"高看"咱，只能硬着头皮往前冲了，每天都活在重压之下以及担心完不成任务而惴惴不安的情绪中，身体素质急剧下降。

小林告诉她，其实她家先生实在不该发力过猛，该悠着点，在完成任务的基础上，稍微超一点即可，这样的话领导今年就不会这么狠打着滚儿地给他翻倍了。她说真没料想这样，现在后悔也晚了。

其实小林这种所谓的睿智也是在职场上经受无数次血与火的考验才悟出来的。初入职场时，他也是个自觉的、什么事情都要好的完美主义者，领导要求我一个月完成的稿件，他20天就又快又好地完成了。领导要求一个星期上交的方案，他两天不到就齐活了。他是个搁不住活儿的人，原本是想着完成后可以慢条斯理地休息了，手里有活完不成会有精神负担，一气呵成完成了，可以痛快地休息呀。事实证明，他的这种想法简直就是乌托邦，领导是不会让员工闲着没事干数大洋的，而是让你像陀螺一样转不停，永不停歇，你完成了一个活他很快又安排你另一些活，发展到后来，他成了单位的"灭火器"，凡是那种十万火急难度系数极高的活都交到他手上，不知不觉中，他得了职场焦虑症。后来他开始检讨自己的工作习惯和生活方式，发现是完美主义害了他，总是要求自己又快又好地完成，快马加鞭，长此以往，身体和心理都吃不消。他在领导面前表现得太好，结果就对自己不好了。

意识到这一点后，他调控了自己工作的节奏，要求自己"十分的能力，八分的表现"，不那么努着自己。他可以偶尔快一把，但不总是这样；领导要求一个星期完成的任务，他四天左右完成，或者即使两天就完成了，也不上交，而是抻到第四天的时候再交。有一年单位全民皆兵，他这个策划也领了10万的广告利润指标。其实他是可以超额完成的，但只完成了8万，剩下还有一笔合作他控制在第二年再签约了，因为要控制自己运转的节奏，运转过快，对自身是一种消耗，对领导是一种刺激。他完成8万，第二年领导给定的广告指标依然还是10万，但若是一下子超额完成20万，那领导下一年会给定50万的任务！他收敛着点，这样安排既证明了自己的业务能力，又断了领导增加任务的想法，有效地实现了反向管理。

所以，上司面前表现自己是很有学问的，有时候就是需要含蓄一点，收敛一点，一份报告正常需要一个小时，你效率高，只要40分钟，那么50分钟的时候给你老板，适当提早一点点足以证明你的能力。相信我，事情根本是做不完的，做得越快，需要你做的就越多，做得多不怕，怕的是你出错的概率也就越大，万一被你的对头抓到可能就永无翻身之日。你完全可以先浪费点时间发呆或思考，再去工作，别被人看见就行。

永远不要让你的老板对你有超出你能力的期望。连续几次提前完成任务，只会不断提高老板对你的期望，最后就成为你的负担。好比销售部门定的指标，一定不可以太高，否则第二年就没办法更高，领导看数字总是要向上的曲线，只为眼前邀功，最后害的只是你自己。